Mechanics and Adaptronics

Ziel der Buchreihe ist die Publikation neuer Ansätze in der Mechanik und Adaptronik. Diese Ansätze umfassen zum einen experimentelle Themen als auch solche, die numerischen Charakters sind und erstrecken sich über diverse Größenskalen. Experimentelle, zukunftsweisen Themen beinhalten Untersuchungen auf Mikro- bis hin zur Makroebene und berücksichtigen unterschiedlichste Felder, von der Mechanik über Temperatur bis hin zu unterschiedlichen chemischen Feldern. Auch auf Seiten der numerischen Simulation werden auf Grundlage der experimentellen Untersuchungen neue multiskalige Mehrfeldmodelle entwickelt, kalibriert und validiert. Eine Besonderheit stellt hier die Thematik der Adaptronik dar, die als Ziel die Integration neuer Funktionen in tragende Bauteile durch die Kombination konventioneller Konstruktionswerkstoffe mit aktiven Werkstoffsystemen verfolgt. So werden Funktionswerkstoffe betrachtet, die Energiewandler sind und die die klassischen lasttragenden und formgebenden Funktionen um sensorische und aktorische Funktionen erweitern. Aktorische und sensorische Eigenschaften ermöglichen in Kombination mit adaptiven, schnellen Reglern eine optimale Selbstanpassung an die jeweilige Einsatzumgebung. Durch die Zusammenführung von numerischem und experimentellem Know-how auf mechanische als auch adaptronischer Seite ist es möglich, Erkenntnisse aus der Natur im Sinne des bionischen Gedankens in die Technik zu übertragen und so neue wissenschaftliche Richtungen aufzuschlagen.

Maximilian Neitmann

Steigerung der Bahngenauigkeit mobiler Industrieroboter durch eine Modellerweiterung mittels künstlicher neuronaler Netze

Springer Vieweg

Maximilian Neitmann
Institut für Mechanik und Adaptronik
Technische Universität Braunschweig
Braunschweig, Niedersachsen
Deutschland

ISSN 2731-6211 ISSN 2731-622X (electronic)
Mechanics and Adaptronics
ISBN 978-3-662-69560-9 ISBN 978-3-662-69561-6 (eBook)
https://doi.org/10.1007/978-3-662-69561-6

Die Deutsche Nationalbibliothek verzeichnet diese Publikation in der Deutschen Nationalbibliografie; detaillierte bibliografische Daten sind im Internet über https://portal.dnb.de abrufbar.

Planung/Lektorat: Michael Kottusch
Springer Vieweg ist ein Imprint der eingetragenen Gesellschaft Springer-Verlag GmbH, DE und ist ein Teil von Springer Nature.
Die Anschrift der Gesellschaft ist: Heidelberger Platz 3, 14197 Berlin, Germany

Steigerung der Bahngenauigkeit mobiler Industrieroboter durch eine Modellerweiterung mittels künstlicher neuronaler Netze

Von der Fakultät für Maschinenbau
der Technischen Universität Carolo-Wilhelmina zu Braunschweig

zur Erlangung der Würde

eines Doktor-Ingenieurs (Dr.-Ing.)

genehmigte Dissertation

von: Maximilian Neitmann
geboren in: Hagenow

eingereicht am: 10.07. 2023
mündliche Prüfung am: 17.11. 2023

Vorsitz: Prof. Dr.-Ing. Klaus Dröder
Gutachter: Prof. Dr.-Ing. Michael Sinapius
Prof. Dr. Jochen Steil

2024

All models are wrong but some are useful.

George E. P. Box

Kurzfassung

Mobile Roboter besitzen das Potenzial, zu deutlichen Effizienzsteigerungen in der Fertigung kohlenstofffaserverstärkter Kunststoffe zu führen, wenn sie die aktuell üblichen Sondermaschinen ersetzen. Der Einsatz vieler identischer, universal einsetzbarer mobiler Roboter anstelle weniger, spezialisierter Sondermaschinen ist dazu geeignet, die Produktion zu flexibilisieren und die Fixkosten zu senken. Um hochqualitative Bauteile fertigen zu können, müssen die mobilen Roboter Bahngenauigkeiten im Submillimeterbereich erreichen. Stationäre Roboter können diese Bahngenauigkeiten mit zusätzlichen Maßnahmen zur Steigerung der Bahngenauigkeit erlangen. Die Kernfrage dieser Arbeit ist daher, ob Methoden zur Steigerung der Bahngenauigkeit stationärer Roboter auf mobile Roboter übertragbar sind. Grundlage der Betrachtungen ist eine Untersuchung des Einflusses der Plattform auf den Bahnfehler des Roboters. Sie zeigt, dass sich die mobile Plattform in erster Linie durch eine herabgesetzte Fundamentsteifigkeit auswirkt. Es wird beobachtet, dass die Trägheitskräfte des Roboterarmes genügen können, um eine Bewegung der Plattform relativ zum Hallenboden zu erzeugen. Diese Drift ist klein genug, um in den meisten Anwendungen vernachlässigt werden zu können. Da die Plattform nur den systematischen, nicht jedoch den stochastischen Anteil des Bahnfehlers beeinflusst, ist die Nutzung von Ansätzen zur Steigerung der Bahngenauigkeit aus der stationären Robotik möglich, sofern diese um die Effekte der Plattform erweitert werden. Ein gut zu erweiternder Modellierungsansatz ist die Nutzung künstlicher neuronaler Netze. Die vorliegende Arbeit zeigt, dass künstliche neuronale Netze den Bahnfehler des mobilen Roboters mit einer mittleren Abweichung zum gemessenen Bahnfehler von 0,3 mm vorhersagen können. Durch den Austausch des Bahninterpolators zwischen der Aufnahme der Trainingsdaten und der Erprobung der Modellerweiterung kann die Arbeit durch den Einsatz der künstlichen neuronalen Netze zur Modellerweiterung keine Genauigkeitssteigerungen zeigen. Mit einer Erweiterung des Trainingsdatensatzes oder durch den Einsatz nur eines einzigen Bahninterpolators scheint es möglich zu sein, dass Folgearbeiten die Steigerung der Bahngenauigkeit in den Submillimeterbereich nachweisen können.

Abstract

Mobile robots potentially increase the efficiency of the production of carbon-fibre-reinforced plastics significantly if they replace the large and highly specialised machines currently in use. The use of many identical, universally deployable mobile robots instead of a few specialised special machines allows for a more flexible production with reduce fixed costs. In order to produce high-quality components, the mobile robots must achieve sub-millimetre path accuracies. There are methods for stationary robots to achieve these path accuracies. The main question of this thesis is therefore whether these methods can be applied to mobile robots as well. The thesis starts with an investigation of the influence of the platform on the path deviation of the mobile robot. It proves that the mobile platform primarily has an effect through a reduced stiffness of the robot's foundation. Furthermore, it is observed that the inertial forces of the robot arm can be sufficient to create a movement of the platform relative to the floor. Due to its size, the drift is negligible in most applications. Since the platform therefore only influences the systematic, but not the random proportion of the path deviation, the use of approaches to increase the path accuracy of stationary robotics is possible, as long as they are augmented to include the effects of the platform. Robot calibration using artificial neural networks can easily be extended by the platform's effects and is therefore investigated. The work shows that artificial neural networks can predict the path deviation of the mobile robot with a mean deviation of 0.3 mm. Due to a change in the path interpolation method between the acquisition of the training data and the testing of the calibration, the work cannot show any accuracy increases in the final experiments. With an extension of the training data set or by using only a single path interpolation method, it seems possible that follow-up work will be able to demonstrate an increase in path accuracy into the sub-millimetre domain, as required for the production of carbon-fibre-reinforced plastics.

Inhaltsverzeichnis

Abkürzungsverzeichnis

ADAM	adaptive moment estimation
DGQ	Deutsche Gesellschaft für Qualität
DIN	Deutsches Institut für Normung
GPS	Global Positioning System
iGPS	indoor global positioning system
IMU	Inertial Measurement Unit (inertiale Messeinheit): Kombination aus Beschleunigungssensoren und Drehratensensoren
IPO	Input-Process-Output
ISO	International Organization for Standardization
KNN	künstliches neuronales Netz
Lidar	Light detection and ranging
LSTM	Long Short-Term Memory
MSE	mean squared error (Mittlere quadratische Abweichung)
PTP	Point to Point
RSI	Robot Sensor Interface
SPS	speicherprogrammierbare Steuerung
TCP	Tool Center Point
UDP	User Datagram Protocol
VDI	Verein Deutscher Ingenieure
VDMA	Verband Deutscher Maschinen- und Anlagenbau
XML	Extensible Markup Language

Kapitel 1
Einleitung

Im Flugzeug- und Fahrzeugbau führen Gewichtseinsparungen zu Steigerungen der Leistungsfähigkeit und zur Senkung des Energiebedarfs. Besonders geringe Bauteilgewichte können durch den Einsatz kohlenstofffaserverstärkter Kunststoffe erreicht werden. Da in der Luftfahrt Gewichtseinsparungen im Betrieb der Flugzeuge zu besonders großen Kosteneinsparungen führen, sind Faserverbundbauteile dort weitverbreitet. Insbesondere in der Luftfahrt ist es wünschenswert, große Bauteile zu fertigen, um den Montageaufwand zu senken und so die Produktionsraten zu erhöhen. Die größten faserverstärkten Serienbauteile mit einer Länge von 32 m sind die oberen und unteren Flügelabdeckungen des Airbus A350 [Mar10]. Die Fertigung dieser Bauteile erfolgt auf großen Portalanlagen. Diese führen zu hohen Fixkosten und einer schlechten Skalierbarkeit der Produktionskapazitäten. Ein alternativer Ansatz ist die Fertigung solcher großen Bauteile mit mobilen Robotern.

Da mobile Roboter nicht an Schienensysteme gebunden sind und sich frei in Produktionshallen bewegen können, sind sie in der Lage, Bauteile beliebiger Länge zu fertigen. Die einzige Einschränkung bei der Bauteilgröße besteht darin, dass das Bauteil in seiner Breite und Höhe vom Endeffektor erreichbar sein muss. Der Einsatz von Roboterschwärmen kann die Fertigung in mehreren Bereichen verbessern. Sie senken die Fertigungsdauer und steigern die Flexibilität der Produktion. Neben der Produktion der Bauteile sind mobile Roboter auch dazu geeignet, Prozessschritte aus der Vor- und Endmontage zu automatisieren [Nei+22]. Damit bietet der Einsatz mobiler Roboter als universelles Produktionswerkzeug von Hochleistungsleichtbaustrukturen das Potenzial zu deutlichen Effizienzsteigerungen. Hierzu müssen jedoch noch einige Fragestellungen untersucht werden. Neben der Schwarmplanung in sich dynamisch verändernden unstrukturierten Umgebungen sind Fabrikplanungsansätze, die die erhöhte Flexibilität berücksichtigen, Gegenstand aktueller Forschung. Weiterhin besteht Forschungsbedarf in Bezug auf Sicherheitsaspekte bei Mensch-Maschine-Kooperationen.

M. Neitmann, *Steigerung der Bahngenauigkeit mobiler Industrieroboter durch eine Modellerweiterung mittels künstlicher neuronaler Netze*, Mechanics and Adaptronics,
https://doi.org/10.1007/978-3-662-69561-6_1

Auf Prozessebene stellt sich die Frage, ob mobile Roboter die zur Fertigung und Montage von Faserverbundbauteilen notwendige Bahngenauigkeit erreichen. Beim Besäumen und Montieren ergeben sich die Anforderungen an die Bahngenauigkeit unmittelbar aus den Bauteiltoleranzen, welche sich im Submillimeterbereich bewegen. In der Faserablage führen Bahnfehler zu Lücken oder Überlappungen der abgelegten Faserbänder. Diese Ablagefehler reduzieren die Materialkennwerte. So kann die Druckfestigkeit durch Ablagefehler im Vergleich zu fehlerfrei abgelegten Halbzeugen um bis zu 27 % sinken [SM98]. Die Druckfestigkeit sinkt dabei bis zu einer Fehlerbreite von 0,76 mm. Bei größeren Defektbreiten sinkt die Druckfestigkeit nicht weiter. Es ist also eine Bahngenauigkeit <1 mm notwendig, um eine hohe Bauteilqualität sicherzustellen.

Da es in der Literatur nur wenig Wissen zur Bahngenauigkeit mobiler Roboter gibt, stellt sich die Frage, ob mobile Roboter diese Genauigkeit erreichen können. Der Bahnfehler stationärer Roboter setzt sich aus einem großen systematischen und einem kleinen stochastischen Anteil zusammen. Der systematische Anteil weist dabei eine Größenordnung von einigen Millimetern bis Zentimetern auf und hängt stark von der Robotergröße ab. Der stochastische Anteil ist in der Regel kleiner als 0,15 mm. Für stationäre Roboter sind mehrere Ansätze bekannt, die dazu geeignet sind, den systematischen Bahnfehler bis in die Größenordnung des stochastischen Fehlers zu senken. Durch diese Methoden können stationäre Roboter sowohl zur Ablage von Faserhalbzeugen als auch zum Besäumen der ausgehärteten Bauteile und zu deren Vor- und Endmontage eingesetzt werden. Wenn die Bahngenauigkeit mobiler Roboter in demselben Maß gesteigert werden könnte, dann wäre von einer Eignung mobiler Roboter zur Fertigung von Faserverbundbauteilen auszugehen.

In ihrem Kern untersucht die vorliegende Arbeit die Frage, ob Methoden zur Steigerung der Bahngenauigkeit stationärer Roboter auf mobile Roboter übertragbar sind. Diese Frage gliedert sich in zwei Teilfragen:

- Welchen Einfluss hat die mobile Plattform auf den systematischen und den stochastischen Bahnfehler des Roboters?
- Sind Methoden zur Steigerung der Bahngenauigkeit stationärer Roboter auf mobile Roboter übertragbar?

Um diese Teilfragen zu beantworten, beginnt die Arbeit mit einer Zusammenfassung des Wissensstands zur Bahngenauigkeit mobiler Roboter. Darauf basierend erfolgt die Formulierung von zwei Forschungshypothesen, die jeweils in einzelnen Kapiteln geprüft werden. Nach dem Aufbau der in Abbildung 1.1 gezeigten Forschungsumgebung zur Bahnmessung und Erprobung der Modellerweiterung zeigen Bahngenauigkeitsuntersuchungen, dass die Plattform hauptsächlich den systematischen Fehler

Abb. 1.1 Roboterzelle mit mobilem Roboter und Lasertracern zur Bahnmessung

des Roboters beeinflusst. Entsprechend folgt die Untersuchung der Eignung künstlicher neuronaler Netze (KNN) zur Vorhersage und anschließenden Kompensation des Bahnfehlers des mobilen Roboters.

Kapitel 2
Stand des Wissens zur Bahngenauigkeit mobiler Roboter

Um Faserverbunde mit hoher Qualität zu fertigen, müssen mobile Roboter Bahngenauigkeiten im Submillimeterbereich erreichen. Für die Faserverbundfertigung sind zwei Produktionsprozesse von besonderer Bedeutung: Zum einen können mobile Roboter dazu eingesetzt werden, Faserhalbzeuge abzulegen und zum anderen ist es möglich, mit ihnen die ausgehärteten Faserverbundbauteile zu bearbeiten also beispielsweise Aussparungen zu fräsen und die Bauteilränder zu besäumen. Bei der spanenden Bearbeitung von Bauteilen ergeben sich die Genauigkeitsanforderungen in erster Linie aus den Bauteiltoleranzen. Bei der Faserablage besteht ein direkter Zusammenhang zwischen den Ablagefehlern und den Materialkennwerten der Bauteile. Heinecke et al. liefern einen Überblick über die wichtigsten Ablagefehler [HW19]. Von besonderer Bedeutung für die Materialkennwerte der Laminate sind Lücken und Überlappungen der einzeln abgelegten Faserhalbzeuge. Sawicki et al. untersuchen den Einfluss von Lücken und Überlappungen verschiedener Breite auf die Druckfestigkeit [SM98]. Sie zeigen, dass die Druckfestigkeit von Laminaten um bis zu 27 % sinkt. Die Spaltbreite korreliert bis etwa 0,76 mm mit der Verringerung der Druckfestigkeit. Darüber hinaus ist keine Verschlechterung der Kennwerte mehr festzustellen. Diese Verschlechterung der Bauteilkennwerte wird aktuell durch Materialaufdickungen ausgeglichen. Damit ist zunächst ein Ablagefehler deutlich kleiner als $\frac{0{,}76}{2}$ mm notwendig. Da der Bahnfehler eines Industrieroboters durch höhergradige trigonometrische Polynome beschreibbar ist [Zho95, S. 96], ist bei zwei nebeneinander abgelegten Faserhalbzeugen auch bei größeren Bahnfehlern davon auszugehen, dass die Lücken und Überlappungen kleiner als 0,76 mm sind. Damit ergibt sich aus den Anforderungen der Faserablagen keine eindeutige Mindestanforderung an die Bahngenauigkeit. Aber es ist davon auszugehen, dass mit einem maximalen Bahnfehler im Submillimeterbereich die Fertigung hochqualitativer faserverstärkter Kunststoffe möglich ist.

M. Neitmann, *Steigerung der Bahngenauigkeit mobiler Industrieroboter durch eine Modellerweiterung mittels künstlicher neuronaler Netze*, Mechanics and Adaptronics,
https://doi.org/10.1007/978-3-662-69561-6_2

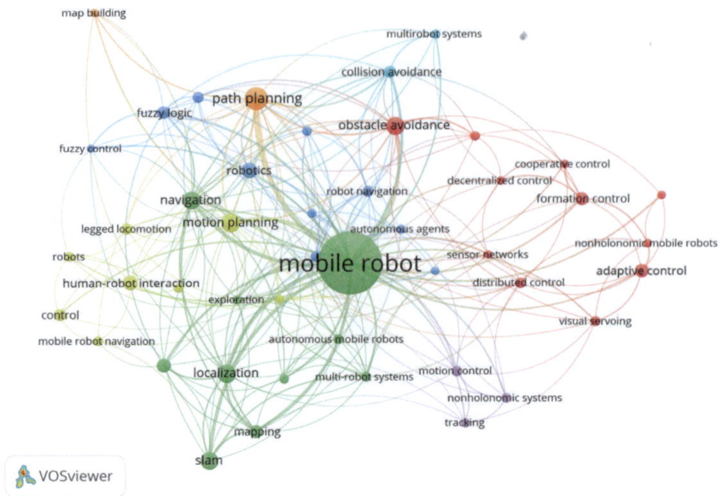

Abb. 2.1 Netzwerkanalyse zu Schlagworten beim Suchbegriff „mobile robot" in der Suchmaschine Scopus

Da es sich bei dem Feld der mobilen Robotik um ein junges und sehr breites Forschungsfeld handelt, ist es sinnvoll, mittels einer Netzwerkanalyse einen Überblick über Forschungsschwerpunkte zu gewinnen. Abbildung 2.1 zeigt, dass sich die Forschung zu mobilen Robotern auf Themengebiete wie Bahnplanung, Kollisionsvermeidung in veränderlichen Umgebungen und Steuerungsarchitekturen konzentriert. Damit sind überwiegend Fragestellungen, die den Betrieb von mobilen Robotern überhaupt erst erlauben, im Fokus der Forschung. Die Bahngenauigkeit von mobilen Robotern stellt bisher keinen ausgeprägten Forschungsschwerpunkt dar.

Da sich mobile Roboter aus verschiedenen Fachrichtungen heraus entwickelt haben, beginnt das Kapitel mit einer Einführung in die Nomenklaturen der verschiedenen Fachrichtungen und legt eine einheitliche Nomenklatur für die vorliegende Arbeit fest. Darauffolgend liefert das Kapitel einen Überblick zu Methoden zur Steuerung mobiler Roboter. Es folgt ein Überblick über das aktuelle Wissen zur Bahngenauigkeit mobiler Roboter. Da dieses nicht ausreicht, um die Eignung mobiler Roboter zur Fertigung von Faserverbundbauteilen zu bewerten, folgt ein Überblick über die Bahngenauigkeit der beiden Teilsysteme „mobile Plattform" und „Industrieroboter". Das Kapitel endet mit einer Zusammenfassung und der Identifikation einer Forschungslücke.

2.1 Begrifflichkeiten in den verschiedenen Fachrichtungen

Mobile Roboter haben sich aus den Fachrichtungen Maschinenbau, Handhabungstechnik und Informatik herausentwickelt. Diese Entwicklung führt zu sich teilweise widersprechenden Bezeichnungen (siehe Tab. 2.1). Diese machen es notwendig, für die vorliegende Arbeit die einheitliche Nomenklatur aus Abbildung 2.2 zu definieren, welche sich am Maschinenbau orientiert. Dort bezeichnet der Begriff Industrieroboter einen Sechsachs-Knickarm-Roboter mit einer seriellen Kinematik (siehe Abb. 2.2). Diese Bauform stellt die in der Industrie am weitesten verbreitete Roboterbauform dar, was auf den einfachen Aufbau, die große Flexibilität und die Lösbarkeit der inversen Kinematik mit analytischen Gleichungen zurückzuführen ist [SK08, S. 27; Pie68]. Da Industrieroboter in der Lage sind, ihre Umwelt zu manipulieren, werden sie in der Informatik und der Robotik auch als Manipulatoren bezeichnet, wobei Manipulatoren keine spezifische kinematische Kette aufweisen müssen. Da Industrieroboter in der Nomenklatur der Informatik und Robotik eine Sonderform des Manipulators darstellen, ist es sinnvoll, in der vorliegenden Arbeit diesen Begriff zu verwenden.

Bei der in der im Rahmen dieser Arbeit eingesetzten mobilen Plattform handelt es sich um eine Plattform mit vier Mecanum-Rädern. In Veröffentlichungen aus dem Bereich der Informatik werden ähnliche Plattformen häufig als mobile Roboter bezeichnet. Mobile Roboter im Sinne der Robotik und Informatik zeichnen sich durch eine Steuerung aus, die einen hochgradig autonomen Betrieb der Plattform ermöglicht. Da sich die in der vorliegenden Arbeit eingesetzte mobile Plattform lediglich durch eine Fernbedienung manuell steuern lässt, ist diese Einordnung nicht passend.

Abb. 2.2 Der in der vorliegenden Arbeit eingesetzte mobile Roboter besteht aus einem Industrieroboter und einer mobilen Plattform

Tab. 2.1 Bezeichnungen von mobilen Robotern in verschiedenen Bereichen (siehe Abb. 2.2)

Bereich	Bezeichnungen		
Vorliegende Arbeit	Mobiler Roboter	Industrieroboter, Roboterarm	Mobile Plattform
ISO 8373[1]	Mobiler Roboter mit Industrieroboter	Industrieroboter, Manipulator, Roboter	Mobiler Roboter
Robotik	Mobiler Manipulator	Knickarmroboter, Industrieroboter	Mobiler Roboter
VDI 2510[2]	Fahrerloses Transportsystem mit Handhabungsgerät	Handhabungsgerät	Autonomer Roboter
Informatik [HB11]	Mobiler Manipulator	Knickarmroboter, Industrieroboter	Mobiler Roboter, fahrerloses Transportsystem

Eine weitere Einordnung der mobilen Plattform stammt aus dem Bereich der Fördertechnik. Dort werden ähnliche Systeme als fahrerlose Transportsysteme bezeichnet. Da diese jedoch primär für Logistikanwendungen und nicht für die Fertigung eingesetzt werden, ist auch diese Einordnung nicht zutreffend. Um eine klare Abgrenzung zu ermöglichen, nutzt die vorliegende Arbeit daher den Begriff „mobile Plattform". Für das Gesamtsystem wird der Begriff „mobiler Roboter" verwendet.

2.2 Methoden zur Steuerung mobiler Roboter

Für stationäre Industrieroboter hat sich die in Abbildung 2.3 gezeigte Steuerungsarchitektur durchgesetzt. Die Programmierung des Roboters definiert dessen Soll-Bahn in einer herstellerspezifischen Programmiersprache. Der Bahninterpolator berechnet aus dem Programm eine Abfolge von kartesischen Posen. Die inverse Kinematik berechnet aus diesen die Soll-Achswinkel, welche anschließend über die Servomotoren und die Kinematik des Industrieroboters in eine Bewegung überführt werden. Die Erweiterung dieser Steuerung um eine mobile Plattform führt zu zwei Herausforderungen: Zum einen tritt zwischen den Rädern und dem Boden Schlupf auf und zum anderen ist die inverse Kinematik durch die zusätzlichen drei Freiheitsgrade der Plattform nicht mehr analytisch lösbar.

Der einfachste Ansatz, um diese Probleme zu umgehen, ist es, die Plattform und den Roboterarm sequenziell zu bewegen. Dies eignet sich insbesondere für Aufgaben, die keine langen Trajektorien erfordern, wie etwa Bohren oder Punktschweißen. Dieses Vorgehen wurde in mehreren Arbeiten erfolgreich erprobt

[1] Roboter und Robotikgeräte – Wörterbuch.

[2] Fahrerlose Transportsysteme.

Abb. 2.3 Aufbau der Steuerung eines Industrieroboters in Anlehnung an [Web17, S. 24]

[Möl+17a; Gaw+19; LAS. 21]. Mit diesem Ansatz ist bereits ein hoher Grad an Automatisierung möglich. So zeigen Gawel et al. [Gaw+19], dass mobile Roboter in der Lage sind, sich autonom in Gebäuden zu ihrem Einsatzort zu bewegen und dabei auch Hindernisse zu umfahren. Hierbei wird für die Anfahrt eine grobe Positionsmessung eingesetzt und der Roboter anschließend am Einsatzort genau eingemessen. Zur Positionsbestimmung dient eine Kombination aus IMUs[3], Odometrie, 3D-Lidar-Sensorik und statischen Umgebungskarten.

Eine weitere Anwendung mobiler Roboter stammt vom Fraunhofer Institut für Fertigungstechnik und angewandte Materialforschung (IFAM). Dort wird die Zerspanung von Kohlefaserbauteilen mit einem mobilen Roboter untersucht. Der eingesetzte mobile Roboter verfügt neben seinen Rädern über drei Stempel. Diese dienen dazu, die Plattform am Einsatzort anzuheben, um den Einfluss der Räder während der Bearbeitung zu minimieren [Möl+17a, S. 19]. Nach der Fixierung am Boden erfolgt eine Einmessung der Plattform und des Werkstücks mit einem mobilen Lasertracker [Bri+19].

Neben der erreichbaren Genauigkeit spricht auch das Vorhandensein einer Vielzahl von leistungsfähigen Algorithmen zur Bahnplanung von autonomen mobilen Plattformen [SPG21] für den Einsatz sequentieller Bewegungen. Eine zeitgleiche Bewegung von Roboterarm und mobiler Plattform führt neben der Erweiterung des Arbeitsraums zu weiteren Vorteilen. Bei einer geschickten Steuerung ist es möglich, den Industrieroboter nicht am Rand seines Arbeitsraums zu betreiben. Dort weisen Roboter eine Vielzahl negativer Eigenschaften auf: So können sie nicht mehr alle Orientierungen annehmen, haben eine geringere Steifigkeit, weisen ein verschlechtertes Schwingungsverhalten auf, benötigen mehr Antriebsleistung und können weniger stark beschleunigen. Wenn sich Roboter und Plattform gleichzeitig bewegen, ist demnach – neben einer Erweiterung des Arbeitsraums – mit besseren Prozessergebnissen zu rechnen. Yamamoto et al. haben erste Arbeiten zu Steuerungsalgorithmen durchgeführt, die dies ermöglichen [YY94]. Diese Steuerungsalgorithmen sind allerdings noch Gegenstand der Forschung. Für einen stationären sechsachsigen Roboter ist die inverse Kinematik eine Abbildung einer sechsdimensionalen Pose in kartesischen Koordinaten auf die sechs Achswinkel des Roboters. Bereits diese Transformation besitzt für den in der vorliegenden Arbeit betrachteten Roboterarm in drei Posen keine eindeutige Lösung und sind damit mehrdeutig. Stand der Technik in der stationären Robotik ist es, die Sollposen des Roboters mit zusätzlichen Werten neben der kartesischen Pose zu beschreiben, um so in mehrdeutigen Posen eine Pose in der Bahnprogrammierung vorzuschreiben. Eine Erweiterung der kinematischen Kette um die drei Bewegungsfreiheitsgrade in der Bewegungsebene

[3] Inertial Measurement Unit (inertiale Messeinheit): Kombination aus Beschleunigungssensoren und Drehratensensoren zur Bestimmung von Posen.

der Plattform führt unweigerlich zu einer Zunahme von Mehrdeutigkeiten. Daher benötigen mobile Roboter deutlich leistungsfähigere Bahninterpolatoren und inverse Kinematiken, welche Gegenstand aktueller Forschung sind.

In typischen Produktionsumgebungen ist neben der Bahnplanung mit weiteren Herausforderungen zu rechnen. So muss der Schutz von Mitarbeitern jederzeit sichergestellt werden. Ferner sind typische Produktionsumgebungen in der Regel unvorhergesehenen Veränderungen unterworfen. In der Informatik werden diese Umgebungen als „unordentlich" und „dynamisch" bezeichnet[4]. Diese Umgebungen bedingen, dass der Roboter Hindernisse selbstständig erkennen und umfahren muss. Hierbei stellen nichtholonome Zwangsbedingungen, die für einige Plattformtypen gelten, eine weitere Herausforderung dar. Die Forschungen zur parallelen Bewegung von Plattform und Roboter konzentrieren sich daher aktuell auf die Entwicklung von Trajektorienplanern und deren Erprobung mittels Simulationen [KRN12; AWM15].

Zusammenfassend ist festzuhalten, dass die Steuerungen mobiler Roboter nicht in der Lage sind, Trajektorien auf Basis paralleler Bewegungen von Plattform und Roboterarm zu erzeugen. Stand der Technik ist der Einsatz sequenzieller Bewegungen der mobilen Plattform und des Roboterarms.

2.3 Bahngenauigkeit mobiler Roboter

Um die Eignung mobiler Roboter für die verschiedenen Prozessschritte der Faserverbundfertigung bewerten zu können, ist es notwendig, deren Bahngenauigkeit zu kennen. Die Recherche zur Bahngenauigkeit ist aus zwei Gründen herausfordernd: Zum einen gibt es, wie im vorherigen Abschnitt beschrieben, keine etablierten Ansätze, um Trajektorien aus einer parallelen Bewegung von Roboterarm und Plattform zu erzeugen, und zum anderen werden mobile Roboter in den verschiedenen Fachrichtungen unterschiedlich bezeichnet (siehe Abschn. 2.1). Daher ist eine systematische Recherche an dieser Stelle notwendig.

Für die systematische Recherche zur Bahngenauigkeit mobiler Roboter ist es hilfreich, dass sich nur wenige Sensorsysteme für experimentelle Untersuchungen im für die Faserverbundfertigung relevanten Submillimeterbereich eignen. Abschnitt 4.2 legt dar, warum sich nur Lasertracer oder Lasertracker für die Bahnmessung mobiler Roboter eignen. Mit diesem Wissen kann bei Scopus gezielt nach Publikationen gesucht werden, die sowohl mobile Roboter als auch ein geeignetes Messsystem enthalten[5]. Die entsprechende Suche ergibt 68 Ergebnisse, von denen keines das Thema der Bahngenauigkeit untersucht. Einige Ergebnisse streifen das Thema jedoch:

[4] englisch : cluttered and dynamic.

[5] Suchbegriff: `TITLE-ABS-KEY (("mobile Robot" OR "mobile Manipulator") AND ("Tracker" OR "Tracer" OR "Interferometer") AND "Laser")` am 10.05.2023.

- Map Comparism of Lidar-based 2D Slam Algorithms Using Presice Ground truth [YIA18]
- Posture and Map Restoration in SLAM Using Trajectory Information [Wei+22]
- High accuracy mobile robot Positioning using external large volume metrology instruments [WLM11]
- Positioning Method of Four-Wheel-Steering Mobile Robots Based on Improved UMBmark of Michigan Benchmark Algorithm [Wan+23]
- Laser interferometry measurements based calibration and error propagation identification for pose estimation in mobile robots [JS14]
- Development of a Dedicated Application for Robots to Communicate with a Laser Tracker [Szy+22]
- Mobile Laser Tracker for Aircraft Manufacturing: Increasing Accuracy and Productivity of Robotic Applications for Large Parts [Bri+19]
- Positioning Accuracy Compensation Method of Mobile Robot Based on Inverse Distance Weight [Zho+21]

Die ersten beiden Veröffentlichungen beschäftigen sich mit automatischen Kartierungs- und Lokalisierungsalgorithmen. Die nächsten vier widmen sich mobilen Plattformen. Die letzten beiden Veröffentlichungen untersuchen mobile Roboter, wobei die erste die Plattform und die zweite den Roboterarm betrachtet. Beide untersuchen nur Positionsgenauigkeiten. Zhou et al. zeigen, dass der Industrieroboter eines mobilen Roboters mit einer lokalen Kalibrierung (siehe Abschn. 2.6.8) eine Positionsgenauigkeit von 0,11 mm erreichen kann [Zho+21]. Brillinger et al. demonstrieren, dass mobile Plattformen eine mittlere Positionsgenauigkeit von 3 mm erreichen können [Bri+19].

Gawel et al. untersuchen die Positionsgenauigkeit mobiler Roboter bei sequenziellen Roboter- und Plattformbewegungen. Dazu misst der mobile Roboter seine Plattform zunächst mit einem Lidar ein und bewegt anschließend seinen Roboterarm. Nach diesen Bewegungen bestimmen Gawel et al. mit Geräten aus der Geodäsie maximale Positionsabweichungen von 33 mm. [Gaw+19].

Zusammenfassend ist festzuhalten, dass die Bahngenauigkeit mobiler Roboter noch nicht untersucht wurde. Es gibt bisher ausschließlich Untersuchungen zu Positionsgenauigkeiten, aber kein Wissen zu Bahngenauigkeiten. Daher ist es notwendig, die beiden Teilsysteme – mobile Plattform und Industrieroboter – in den folgenden Abschnitten einzeln zu betrachten, um die erreichbare Bahngenauigkeit des Gesamtsystems bewerten zu können.

2.4 Bahngenauigkeit mobiler Plattformen

Ein Haupteinsatzort mobiler Plattformen sind Logistikanwendungen. Dort ist es üblich, dass sich die Bewegungssteuerung der Plattformen an festen Markierungen auf dem Boden orientiert. Neuere Systeme kommen ohne diese Markierungen aus, indem sie Sensoren zur Posen-Bestimmung nutzen. Dadurch ist die Bahn der mobilen Plattform frei programmierbar, was die Logistikanwendungen deutlich flexibler macht [LK06, S. 2].

Da die Räder der Plattformen Schlupf haben und sich der durch den Schlupf erzeugte Bahnfehler über die Betriebszeit aufsummiert, ist bei einer freien Bewegung der Plattform ein regelmäßiger Abgleich zwischen der Soll- und der Ist-Position notwendig. Übliche Sensoren für diesen Abgleich sind Transponder, GPS oder Lidar. Diese Sensoren erreichen Messgenauigkeiten von wenigen Millimetern [Ull15, S. 30]. Eine genauere Positionsmessung ist mit Lasertrackern, Photogrammetriesystemen und Indoor-GPS (iGPS) möglich. Diese Systeme erreichen Messgenauigkeiten im Submillimeterbereich [WLM11].

Beim Einsatz geschlossener Regelkreise zur Steigerung der Bahngenauigkeit von mobilen Plattformen kann die Messgenauigkeit des Sensors nur einen groben Anhaltspunkt für die erreichbare Bahngenauigkeit liefern. Verschiedene Zwangsbedingungen führen dazu, dass der Bahnfehler immer größer als der Messfehler ist. So sind nichtholonome Antriebskonfigurationen nicht in der Lage, jeden Bahnfehler zu kompensieren, und holonome Antriebe, wie etwa Mecanum-Systeme, weisen unrunde Räder auf, die eine Regelung nur in gewissen Inkrementen erlauben. Ein Beispiel für eine nichtholonome Antriebskonfiguration ist die Ackerman-Lenkung. Bei dieser Konfiguration ist kein seitlicher Ausgleich einer Bahnabweichung möglich, ohne auch eine Längsbewegung zu erzeugen.

Brillinger et al. erreichen mit einer Bahnreglung auf Basis eines Lidars eine Positionsgenauigkeit unter 4 mm [Bri+19]. Wang et al. erzielen ähnliche Ergebnisse, indem sie einen Bahnregelkreis mit einem Lasertracker aufbauen und damit eine Positionsgenauigkeit von 5 mm erreichen. Aufgrund einiger Vereinfachungen innerhalb des Regelkreises ist davon auszugehen, dass die Genauigkeit noch weiter gesteigert werden kann [WLM11].

Eine weitere Herausforderung mobiler Plattformen besteht darin, dass sich autonom fahrende mobile Plattformen auf wechselnde Umgebungen einstellen müssen. So kann bereits eine falsch abgestellte Palette den automatischen Ablauf stören [Ull15, S. 18]. Pandey et al. liefern in ihrem Review einen umfassenden Überblick über Ansätze zur automatischen Navigation [PPP17].

Es ist davon auszugehen, dass die Bahngenauigkeit kleiner ist als die Positionsgenauigkeit. Damit sind mobile Plattformen dazu in der Lage, Bahngenauigkeiten von maximal 4 mm zu erreichen. Diese Genauigkeit entspricht nicht den Genauigkeitsanforderungen der Faserverbundfertigung. Um mit mobilen Robotern Faserverbundbauteile fertigen zu können, ist es somit notwendig, den Bahnfehler der mobilen Plattform mit dem Roboterarm auszugleichen.

2.5 Bahngenauigkeit von Industrierobotern

Nach der Betrachtung der mobilen Plattformen liefert dieser Abschnitt einen Überblick über das Wissen zur Bahngenauigkeit von stationären Robotern. Roboter können die für die Faserverbundfertigung notwendige Bahngenauigkeit nur mit Maßnahmen zur Genauigkeitssteigerung erreichen. Um bewerten zu können, wie sich die Montage auf einer mobilen Plattform auf die Bahngenauigkeit und die Methoden zu deren Steigerung auswirkt, beginnt das Kapitel mit einem Überblick über den Aufbau von Industrierobotern und stellt die wichtigsten Ursachen für Bahnabweichung vor. Nach einer Übersicht der Methoden zur Steigerung der Bahngenauigkeit schließt der Abschnitt mit einer Zusammenfassung und der Identifikation einer Forschungslücke.

Die Programmierung der Roboter erfolgt in einer herstellerspezifischen Sprache. Diese Programme definieren die Soll-Bahnen über die Definition von Stützpunkten und Bahnarten. Üblich sind gerade Bahnen, Kreisbahnen, Splines und im Achsraum linear interpolierte „Point to Point"-(PTP-)Bewegungen. Diese Anweisungen übersetzt der Bahninterpolator in eine zeitdiskrete Folge von kartesischen Bahnkoordinaten. Die Bahninterpolation berücksichtigt dabei Geschwindigkeits- und Beschleunigungsrampen, um eine möglichst ruckarme Bewegung des Roboters zu ermöglichen. Anschließend berechnet die inverse Kinematik aus den kartesischen Sollwerten die Sollwertvorgaben für die Achsantriebe [Win16, S. 13]. Die veränderlichen Achswinkel dienen im Folgenden als Sollwertvorgaben für die Regelkreise der Servomotoren. Hierbei entsteht mittels der Kinematik des Roboters die gewünschte Bewegung (siehe Abb. 2.3).

Die wichtigsten Kennwerte zur Bahngenauigkeit von Robotern sind in der DIN/ISO 9283 definiert. Beide Normen sind inhaltlich gleich und unterscheiden sich nur in der Sprache. Neben den Genauigkeitskenngrößen der ISO 9283 ist es auch möglich, Normen aus dem Bereich der Werkzeugmaschinen anzuwenden. Diese sind insbesondere dann sinnvoll, wenn Roboter Prozesse von Werkzeugmaschinen wie etwa Fräsen übernehmen. Weigold fasst in seiner Dissertation eine Übersicht über die anwendbaren Normen und deren Kenngrößen zusammen[6] [Wei08, S. 7–15]. In den meisten Fällen ist jedoch die Nutzung der DIN/ISO 9283 sinnvoll, da diese Kennwerte in der Literatur am weitesten verbreitet sind und damit Vergleiche ermöglichen.

Der Bahnfehler eines Roboters zeichnet sich durch einen kleinen stochastischen und einen großen systematischen Anteil aus. Um dieser Tatsache Rechnung zu tragen, schlägt die ISO 9283 die beiden Kennwerte Genauigkeit und Wiederholgenauigkeit vor. Die Wiederholgenauigkeit ist ein Maß für den stochastischen Fehler. Zur Bestimmung der Wiederholgenauigkeit fährt der Roboter dieselbe Bahn dreißig Mal nacheinander ab. Die Wiederholgenauigkeit ist definiert als der maximale Abstand zwischen der gemittelten Bahn und den Einzelbahnen. Die Genauigkeit beschreibt den systematischen Anteil der Bahnabweichung und ist in der Regel mindestens eine Größenordnung größer als die Wiederholgenauigkeit. Sie ist definiert als der maximale Unterschied zwischen der Soll- und Ist-Bahn. Beide Parameter können sowohl für Posen im Stillstand als auch für Bahnbewegungen berechnet werden. In der Regel geben Hersteller jedoch nur Positionswiederholgenauigkeiten an, da Roboter

[6] VDI-3441, ISO-230/1, ISO-230/2, ISO-230/4, VDMA–8669, VDI-2851, VDI-3441, ISO-10791/6, ISO-10791/8, VDI-3427

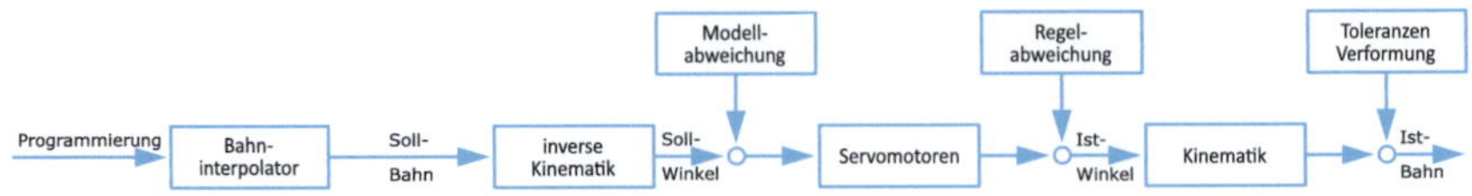

Abb. 2.4 Aufbau der Steuerung eines Industrieroboters mit Hauptquellen für Bahnfehler

üblicherweise geteacht werden und die absolute Genauigkeit somit eine untergeordnete Rolle spielt.

Die Kennwerte sind modellabhängig, bewegen sich allerdings häufig in ähnlichen Größenordnungen. Die Positionsgenauigkeit beträgt üblicherweise 2–10 mm [Bus17, S. 29]. Die Positionswiederholgenauigkeit nimmt deutlich geringere Werte an und bewegt sich üblicherweise zwischen 0,03 mm und 0,5 mm [Wie01, S. 7; Bus17, S. 29]. Da die ISO 9283 keine Prozesskräfte berücksichtigt, ist in Produktionsprozessen mit größeren Positionsfehlern zu rechnen [Abe+08]. Wiest zeigt in seiner Dissertation Wahrscheinlichkeitsverteilungen für die Positionsgenauigkeit von 280 Robotern[7] [Wie01, S. 61]. Diese zeigen, dass die Kennwerte normalverteilt sind.

Bei der Ausführung von Bahnbewegungen ist die Roboterstruktur zusätzlich durch Trägheitslasten belastet. Diese führen dazu, dass die Bahnkennwerte immer schlechter als die Positionskennwerte sind und eine Geschwindigkeitsabhängigkeit zeigen [Zel95, S. 8f.]. Daher bewegt sich die Bahngenauigkeit im Bereich von einigen Millimetern [Mor+16; Rös15, S. 15] bis zu einigen Zentimetern [JSK13; NLK19]. Für Bahnwiederholgenauigkeiten gibt es in der Literatur keine Kennwerte. Es ist zu erwarten, dass sie sich in ihrer Größenordnung zwischen der Positionswiederholgenauigkeit und der Bahngenauigkeit befinden.

Wie in Abbildung 2.4 dargestellt, gibt es einige Einflussfaktoren, die zu Bahnabweichungen führen. Diese Arbeit definiert den Bahnfehler als die Abweichung zwischen der durch den Bahninterpolator erzeugten Soll-Bahn und der Ist-Bahn. Da die Bahninterpolatoren die programmierte Bahn anpassen, um die auf die Roboterstruktur wirkenden Kräfte zu reduzieren, sind die Stützstellen der Bahnprogrammierung kein gutes Maß für die Soll-Bahn. Ein Beispiel für eine solche Anpassung ist das Überschleifen von Ecken. Die wichtigsten Ursachen für die Bahnabweichung von Industrierobotern werden im Folgenden kurz erläutert.

Inverse Kinematik Die inverse Kinematik eines Roboters besitzt nur für bestimmte Roboterkinematiken eine analytische Lösung (siehe Abschn. 2.6.7). Damit ist sie nicht in der Lage, Effekte wie Fertigungstoleranzen, Montagefehler oder Verschleiß zu berücksichtigen. Hierbei führen aufgrund der langen Hebelarme Abweichungen zu großen Bahnfehlern [Pri+92; nach Zel95, S. 8].

Achsantriebe Die Achsantriebe setzen die Sollwertvorgaben aus der inversen Kinematik in eine tatsächliche Bewegung des Roboters um. Sie bestehen aus einem Servomotor und einem Getriebe. Regelabweichungen der Servomotoren sind für aktuelle Roboter vernachlässigbar klein [Bon04; nach Rös15]. Bei älteren Robotern

[7] Kuka KR 150

jedoch stellt die Regelabweichung noch eine relevante Größe dar [KOM90; nach Zho95, S. 4]. Der wesentliche Fehler in den älteren Getrieben entsteht aus Spielen, Lagerreibung und Ungleichförmigkeiten. Weigold gibt in seiner Dissertation einen Überblick über die verschiedenen Getriebearten und deren Vor- und Nachteile [Wei08, S. 22ff]. Aktuelle Roboterbaureihen haben in der Regel vorgespannte Getriebe. Dadurch sind sie weitestgehend spielfrei, weisen aber verstärkt Haftreibungseffekte und Ungleichförmigkeiten auf [Sch93, S. 2].

Nachgiebigkeit des Roboters Ein Haupteinsatzgebiet von Industrierobotern liegt in Handhabungs- und Montageaufgaben. Für diese Prozesse sind Steifigkeit und Dämpfung von untergeordneter Bedeutung und damit in der Konstruktion von Industrierobotern kein primäres Auslegungskriterium [Bon04; Bey05; nach Wei08, S. 3]. Die daraus resultierende geringe Steifigkeit führt sowohl bei statischen als auch bei dynamischen Lasten zu großen Verformungen der Roboterstruktur. Eine Erhöhung der Steifigkeit und Dämpfung ist allerdings nicht ohne Nachteile an anderen Stellen möglich, da ein Zielkonflikt mit der universellen Einsetzbarkeit der Roboter besteht. Um universell einsetzbar zu sein, müssen Roboter lang und schlank sein. Da in der inversen Kinematik von unendlich steifen Festkörpern ausgegangen wird, führen bereits elastische Verformungen durch das Eigengewicht des Roboters zu Bahnabweichungen. Prozesskräfte verursachen weitere Verformungen. Beispiele für Prozesskräfte sind Fräskräfte oder Anpresskräfte bei der Ablage von Faserhalbzeugen. Neben diesen direkten Prozesslasten treten im Betrieb zusätzlich Massen- und Kreiselkräfte auf. Rösch ermittelt für einen Industrieroboter[8] mit einer Nennlast von 240 kg und einer Reichweite von 2,5 m Steifigkeiten zwischen 300 $\frac{\text{N}}{\text{mm}}$ und 500 $\frac{\text{N}}{\text{mm}}$ [Rös15, S. 57]. Da die Steifigkeiten in nur zwei Posen bestimmt wurden, können sie nur zur Abschätzung ihrer Größenordnungen dienen. Dennoch ist festzuhalten, dass sich der Roboter im Stillstand durch seine Nennlast von 240 kg um bis zu 8 mm verformen kann. Darüber hinaus variiert die posenabhängige Steifigkeit um mindestens 40 %. Weigold bestimmt in seiner Dissertation für einen Roboter[9] mit einer Nennlast von 130 kg und einer Reichweite von 2,35m stark Posen-Abhängige Steifigkeiten zwischen 300 $\frac{\text{N}}{\text{mm}}$ und 1000 $\frac{\text{N}}{\text{mm}}$ [Wei08, S. 58 ff.].

Veränderung der Eigenschaften der Roboterstruktur aufgrund betriebsbedingter Erwärmung Ein Roboter ist im Betrieb einer Vielzahl von Wärmequellen ausgesetzt. Zu nennen sind primär die Umgebungstemperatur, die Eigenerwärmung der Motoren, Getriebe und Gelenke und die Erwärmung durch den Prozess, beispielsweise beim Schweißen. Aufgrund der vielen sowohl räumlich als auch zeitlich verteilten Wärmeströme ist von einem instationären Temperaturfeld im Roboter auszugehen. Da sich die Roboterstruktur insbesondere im Bereich der Getriebe und Motoren stark erwärmt, können Bahnabweichungen >1 mm entstehen [Grä99, S. 3]. Diese Bahnabweichung resultiert in erste Linie aus der thermischen Ausdehnung der Roboterglieder. Die Getriebe verändern ihr Verhalten unter

[8] Kuka KR 240 R2500 prime.

[9] Reis RV130HSC.

thermischen Lasten nicht merklich [Ger91; nach Grä99]. Damit stimmt das inverse Modell des Roboters nicht mehr mit dem realen Roboter überein, was zu Bahnabweichungen führt.

Stochastischer Bahnfehler des Roboters Der stochastische Anteil des Bahnfehlers ergibt sich in erste Linie aus Haftreibungseffekten und Getriebespielen [Sch93, S. 3]. Beschrieben wird er in der Regel durch die Wiederholgenauigkeit nach ISO 9283. Typische Werte liegen zwischen 0,03 mm und 0,5 mm [Wie01, S. 7; Bus17, S. 29] für aktuelle Robotergenerationen.

Umgebungsungenauigkeiten Alle bisherigen Fehlerursachen gehen von einem ortsfesten Koordinatensystem zur Definition der Soll-Bahn aus. Bei vielen Fertigungsprozessen, wie beispielsweise dem Besäumen von Bauteilen, ist die Soll-Bahn in einem bauteilfesten Koordinatensystem definiert. Damit können je nach Definition der Soll-Bahn auch Lagetoleranzen von Werkstücken einen Einfluss auf die Bahngenauigkeit haben.

2.6 Methoden zur Steigerung der Bahngenauigkeit von Industrierobotern

Wie im vorherigen Abschnitt festgestellt, reicht die Genauigkeit von Industrierobotern ohne Maßnahmen zur Genauigkeitssteigerung nicht zur Fertigung von Faserverbundbauteilen aus. Mit diesen Maßnahmen jedoch erreichen Industrieroboter ausreichende Genauigkeiten. Wie in Abschnitt 2.5 erläutert, besteht der Bahnfehler von Robotern aus einem kleinen stochastischen und einem großen systematischen Anteil. Wenn also alle Effekte, die einen maßgeblichen Anteil am systematischen Bahnfehler haben, in der Robotersteuerung berücksichtigt würden, wäre es möglich, die Bahngenauigkeit bis in die Größenordnung der Wiederholgenauigkeit zu senken [Sch93, S. 3]. Ein weitverbreiteter Ansatz zur Steigerung der Bahngenauigkeit sieht daher vor, den systematischen Anteil des Bahnfehlers mit Modellen zu beschreiben und innerhalb der Robotersteuerung zur Kompensation des Bahnfehlers einzusetzen. Diese Ansätze werden als Kalibrierungen und Modellerweiterungen bezeichnet. Darüber hinaus gibt es fünf weitere Ansätze zur Steigerung der Bahngenauigkeit. Mit ihnen beginnt dieser Abschnitt, um dann Kalibrierungen und Modellerweiterungen zu beschreiben.

2.6.1 Verbesserung der Roboterkonstruktion

Industrieroboter sind lang und schlank. Dadurch weisen sie große Nachgiebigkeiten auf, die zu Bahnfehlern führen. Es kann also davon ausgegangen werden, dass konstruktive Änderungen an der Roboterstruktur, den Antrieben und den Getrieben zu einer Verbesserung der Genauigkeit führen [Wei08, S. 21]. Ferner sind aus dem Feld der Werkzeugmaschinen viele konstruktive Maßnahmen zur Reduktion von Temperatureffekten bekannt [Grä99, S. 32 ff.]. Da Roboter sich jedoch auch durch einen vergleichsweise geringen Preis und ihre flexible Einsetzbarkeit auszeichnen, sind die Möglichkeiten für Verbesserungen, die nicht in anderen Bereichen zu Verschlechterungen führen, begrenzt. Die Firma Brötje bietet einen Roboter mit besonders großer Genauigkeit und Steifigkeit an [DE19]. Dieser hat durch seine Konstruktion jedoch einen deutlich reduzierten Arbeitsraum und ist dabei weniger schlank. Wenn diese Entwicklung konsequent weitergeführt werden würde, dann würde sich ein Industrieroboter kaum noch von Fünfachswerkzeugmaschinen unterscheiden. Auf der anderen Seite des Spektrums liegt der Leichtbauroboter des DLR [Hir+01; Sch04]. Dieser zeichnet sich durch seinen besonders schlanken Aufbau und damit durch eine besonders große Nachgiebigkeit aus. Damit bleibt festzuhalten, dass sich die am Markt erhältlichen kinematischen Strukturen in oder nahe an einem Pareto-Optimum befinden und damit kaum Spielraum für Verbesserungen vorhanden ist. Stattdessen muss die für die Anwendung geeignete Kinematik ausgewählt werden.

2.6.2 Passive Ausgleichsmechanismen

Wenn die vorhandene Bahngenauigkeit für einen Prozess nicht ausreicht, dann gibt es neben der Möglichkeit, die Bahngenauigkeit zu steigern, auch die Möglichkeit, den Prozess so umzugestalten, dass er eine geringere Bahngenauigkeit erfordert. So wird beispielsweise für das Tapelegen der Kontakt zwischen Anpressrolle und Ablagewerkzeug in der Regel mit einem pneumatischen Zylinder sichergestellt. Weiterhin gibt es im Bereich des Entgratens und Schruppens von Gußbauteilen Ansätze, die auf Anlaufkugellagern an den Fräsern und pneumatischen Ausgleichselementen basieren [Rös15, S. 21]. Heyn et al. schlagen einen Endeffektor vor, der die Belastung und damit die Verformung des Roboters verringert, indem der für den Prozess benötigte Anpressdruck nicht durch den Roboter, sondern durch in den Endeffektor integrierte Saugnäpfe erzeugt wird [Hey+16]. Diese Methoden ermöglichen für einzelne angepasste Prozesse eine hinreichende Bahngenauigkeit. Es ist jedoch fraglich, ob es sich hierbei um eine Steigerung der Bahngenauigkeit oder um eine Senkung der Genauigkeitsanforderungen handelt. Wie diese Frage zu beantworten ist, hängt in erster Linie davon ab, wo die Systemgrenze zwischen Roboter und Prozess gezogen wird. Da mobile Roboter möglichst flexibel in verschiedenen Prozessen eingesetzt werden sollen, eignen sich die Methoden nicht für die zu erwartenden vielfältigen Einsatzszenarien. Es ist jedoch wichtig festzustellen, dass die Steigerung der Bahngenauigkeit nicht die einzige Möglichkeit ist, um eine ausreichende Prozessqualität sicherzustellen.

2.6.3 *Iterative Bahnkorrektur*

Die iterative Bahnkorrektur stellt das einfachste Verfahren zur Steigerung der Bahngenauigkeit dar. Dieser Ansatz kommt ohne einen Eingriff in den Prozess, die Mechanik und die Steuerung des Roboters aus (siehe Abb. 2.5). Die iterative Bahnkorrektur beginnt mit der Programmierung der gewünschten Roboterbahn. Nachdem oder während der Roboter die Bahn abfährt, erfolgt die Bestimmung des Bahnfehlers. Auf Basis des Bahnfehlers erfolgen anschließend eine Anpassung der programmierten Soll-Bahn und eine erneute Bestimmung des Bahnfehlers. Dieses iterative Verfahren wird so lange wiederholt, bis die tatsächliche Bahn der gewünschten Soll-Bahn entspricht.

Bauer stellt in seiner Dissertation eine stark automatisierte Prozesskette zur iterativen Bahnkorrektur vor. Er betrachtet mit dem Fräsprozess einen Prozess, der sich sowohl durch statische als auch durch dynamische Prozesskräfte auszeichnet und große Genauigkeitsanforderungen aufweist. Das von ihm vorgeschlagene Verfahren beginnt mit dem Fräsen eines Probekörpers, welcher anschließend dreidimensional vermessen wird. Basierend auf einem Vergleich von Mess- und Sollwerten erfolgt die Anpassung der programmierten Roboterbahn. Mit diesem Verfahren gelingt es Bauer, den Formfehler von Freiformflächen mit einer Iteration von 1,317 mm auf 0,262 mm zu senken [Bau12, S. 129].

Der größte Vorteil der iterativen Bahnkorrektur ist es, dass die Fehlerursachen nicht bekannt sein müssen. Dies vereinfacht die Umsetzung des Verfahrens und macht es für sich häufig wiederholende Anwendungen sehr effizient. Ein weiterer Vorteil dieses Ansatzes liegt darin begründet, dass die Umgebung des Roboters in der Regel auch Fertigungstoleranzen unterliegt. Damit müsste für eine Offline-Programmierung eines hypothetischen Roboters ohne Bahnfehler eine Vermessung der Roboterzelle durchgeführt werden. Dieser Schritt erübrigt sich beim manuellen Teachen des Roboters in der Roboterzelle. Nachteilig ist, dass sich der Ansatz nur für Prozesse mit einer geringen Streuung eignet. Weiterhin ist der Ansatz durch den großen Einrichtungsaufwand nur für Prozesse mit großen Stückzahlen geeignet.

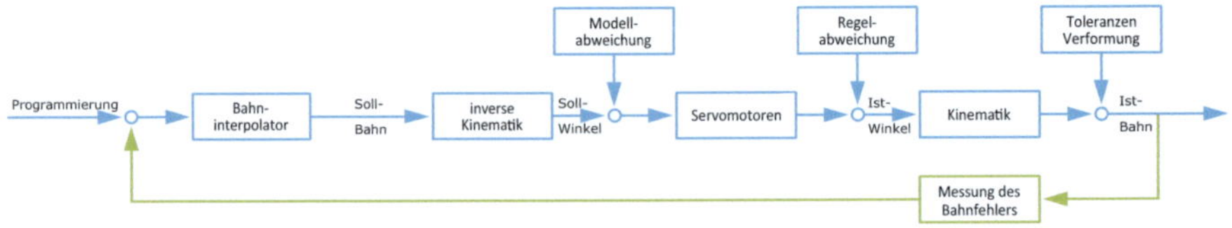

Abb. 2.5 Aufbau der Steuerung eines Industrieroboters mit iterativer Bahnkorrektur (Der grüne Anteil wird nur bei der Inbetriebnahme genutzt.)

2.6.4 Bahnregelung

Für eine Bahnregelung bestimmt ein Bahnsensor während der Bahnbewegung des Roboters permanent die Bahnabweichung und gleicht diese durch einen geschlossenen Regelkreis über die Robotersteuerung aus. Es handelt sich also um eine Echtzeitvariante der iterativen Bahnkorrektur. Abbildung 2.6 zeigt den Aufbau einer solchen Bahnregelung. Hierbei gibt es zwei Ansätze zur Bahnvermessung. Siciliano unterscheidet zwischen Eye-In-Hand und Eye-to-Hand [SK16, S. 860].

Beim „Eye in Hand"-Ansatz befindet sich ein Sensor am Endeffektor des Roboters und bestimmt die Transformationsmatrix zwischen Endeffektor und Werkstück als Regelgröße. Häufig dienen dazu 3D-Kameras. Der „Eye in Hand"-Ansatz zeichnet sich durch eine hohe, aber lokal begrenzte Genauigkeit aus. Ein Beispiel für eine praktische Anwendung dieses Ansatzes ist der Auftrag von Klebstoffraupen. Diese müssen häufig parallel zu Bauteilkanten aufgetragen werden [Hor94, S. 18]. Der Endeffektor muss also keine vorher festgelegte Bahn fahren. Es genügt, wenn sich der Endeffektor parallel zur Bauteilkante bewegt. Dies ermöglicht es, eine Bahnregelung mit einfachen Sensoren aufzubauen. Hierfür sind Abstandssensoren, Lichtschnittsensoren und 3D-Kameras geeignet. Weigold [Wei08, S. 31 ff.] liefert in seiner Dissertation einen Überblick über verschiedene Arbeiten, die den „Eye in Hand"-Ansatz verfolgen.

Wenn jedoch beispielsweise ein kohlenstofffaserverstärktes Bauteil mit einem Roboter besäumt werden soll, steht in der Regel keine geeignete Referenzkante zur Verfügung. Für solche Prozesse sind „Eye to Hand"-Ansätze notwendig. Dabei befindet sich der Bahnsensor an einem ortsfesten Standort neben dem Roboter, wodurch eine bessere globale Genauigkeit erreichbar ist. Für diese Systeme müssen die eingesetzten Bahnsensoren in der Lage sein, die Pose des Roboters in einem großen Bauraum zu bestimmen. Hierzu eignen sich unter anderem Lasertracker und iGPS-Systeme, wobei mit Lasertrackern deutlich größere Genauigkeiten erreicht werden können [Wan+11]. Da Bahnmesssysteme sehr teuer sind, gibt es nur wenige experimentelle Untersuchungen zur Bahnregelung mit iGPS oder Lasertrackern.

Schmitt et al. nutzen iGPS, die „Robot Sensor Interface"-(RSI)-Schnittstelle und einen P-Regler zur Bahnregelung. Der Regelkreis wird bei Geschwindigkeiten über $0{,}1\ \frac{\mathrm{m}}{\mathrm{s}}$ instabil [Sch+10, S. 7]. Ursache sind die großen Latenzen in der Übertragung der gemessenen Soll-Positionen von bis zu 400 ms, welche sich aus der Kombination von RSI und iGPS ergeben. Schmitt nimmt keine Auswertung zur Bahngenauigkeit

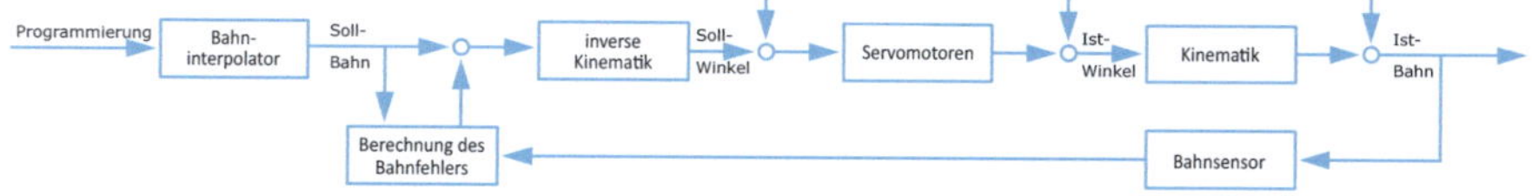

Abb. 2.6 Aufbau der Steuerung eines Industrieroboters mit Bahnregelung

vor, aber aus den gezeigten Bahnkurven kann eine Positionsgenauigkeit von 0,1 mm abgeschätzt werden. Diese liegt in etwa in der Größenordnung der Positionswiederholgenauigkeit des eingesetzten Roboters von 0,06 mm [KUK17].

Möller et al. bauen einen Bahnregelkreis mit einem Lasertracker auf [Möl+17b]. Ihre Experimente zeigen, dass eine Bahnregelung geeignet ist, den Positionsfehler des Roboters bis in die Größenordnung seiner Positionswiederholgenauigkeit zu senken. Fräsversuche belegen, dass die Bahnreglung trotz zusätzlicher Prozesskräfte in der Lage ist, die Bahnabweichung bis in die Größenordnung der Positionswiederholgenauigkeit zu reduzieren. Die Stabilität des Regelkreises wird nicht untersucht. Da sich der Fräser mit 100 Hz dreht, sind durch diesen jedoch keine Anregungen der globalen Eigenfrequenzen des Roboters zu erwarten. In seiner Dissertation vergleicht Möller Bahnregelungen mit Lasertrackern und lokalen Kamerasystemen. Er beobachtet, dass mit Lasertrackern höhere Bahngenauigkeiten erreicht werden können [Möl19, S. 159].

Flandin et al. zeigen, dass eine Kombination der Eye-in-Hand- und „Eye to Hand"-Ansätze möglich ist, um die Vorteile beider Ansätze zu kombinieren [FCM00].

Bauer weißt nach, dass Fräsprozesse in der Lage sind, Roboter in ihren Eigenfrequenzen anzuregen [Bau12, S. 50]. Weigold und Rösch bestimmen in ihren Dissertationen Eigenfrequenzen von Industrierobotern, beginnend bei 8,9 Hz [Rös15, S. 64 ff.; Wei08, S. 68]. Damit ist der Frequenzbereich, in dem einfache Regelansätze genutzt werden können, durch die erste Eigenfrequenz des Roboters begrenzt.

Es lässt sich zur Bahnregelung festhalten, dass mit ihr Bahngenauigkeiten in der Größenordnung der Wiederholgenauigkeit des Roboters erreicht werden können. Die Wiederholgenauigkeit definiert den stochastischen Anteil des Bahnfehlers. Dieser wird maßgeblich durch die vorgespannten Getriebe der Servoantriebe des Roboters bestimmt. Lagertoleranzen und Haftreibungseffekte stellen dabei die maßgeblichen stochastischen Effekte dar. Regelfehler hingegen haben nur einen geringen Einfluss auf den stochastischen Bahnfehler. Übliche Winkelgeber in Industrierobotern lösen 3000 bis 6000 Inkremente pro Grad auf. Damit ergibt sich bei einem 2 m langen Roboter eine maximale Regelabweichung von 0,003 mm bis 0,012 mm [Wie01, S. 8]. Nachteilig an einer Bahnregelung ist die große Empfindlichkeit der Bahnsensoren gegenüber Strahlunterbrechungen und die Gefahr, dass die Regelkreise instabil werden. Damit stellen Bahnregelungen einen wertvollen Benchmark zur Bestimmung der maximal erreichbaren Bahngenauigkeit dar, eignen sich aber nur begrenzt zum Einsatz in Fertigungsumgebungen.

2.6.5 Adaptive Interfaces oder Zusatzachsen

Die Bahnregelung hat neben der Reglerstabilität noch zwei weitere Limitierungen. Zum einen ist es nicht möglich, mit einer Regelung Bahngenauigkeiten zu erreichen, die besser sind als die Wiederholgenauigkeit [Zho95, S. 5; Wie01, S. 8]. Zum anderen sind die robotereigenen Antriebe durch ihre begrenzte Antriebsleistung nur bis zu einer gewissen Beschleunigung in der Lage, die auftretenden Bahnfehler zu korrigieren. Um diese Limitierungen zu umgehen, ist es möglich, zusätzliche Antriebe in den Roboterarm zu integrieren [Zel95, S. 29]. Die eingesetzten Zusatzachsen setzen in der Regel Piezokeramiken als Antriebe ein und werden daher auch als adaptive Interfaces bezeichnet. Piezokeramiken eignen sich für den Einsatz in adaptiven Interfaces in besonderem Maße, da mit ihnen sehr genaue und sehr schnelle Zusatzachsen konstruiert werden können.

Da piezokeramische Aktoren nur geringe Stellwege aufweisen, eignen sie sich in erster Linie zum Ausgleich hochfrequenter Bahnfehler. Zur Regelung von piezokeramischen Aktoren in Parallelrobotern führt Algermissen umfangreiche Untersuchungen durch [Alg10; Alg+11]. Algermissen gleicht die hochfrequenten Anteile des Bahnfehlers mittels destruktiver Interferenz aus. Für den Ausgleich der niederfrequenten Anteile des Bahnfehlers genügen die Antriebe des Industrieroboters. Hierzu muss der auszugleichende Bahnfehler gezielt zwischen dem Roboter und dem adaptiven Interface aufgeteilt werden.

Weitere umfangreiche experimentelle Arbeiten zu adaptiven Interfaces auf Basis von Piezo-Aktorik haben Perner und Puzik vorgelegt [Puz11; Per16]. Perner entwirft in seiner Dissertation einen einachsigen Ausgleichsmechanismus innerhalb des Endeffektors zur Ablage von Kohlenstofffaserbändern. Die Regelung der Ausgleichsmechanik erfolgt über einen Lichtschnittsensor, welcher das zuletzt abgelegte Band vermisst. Dieser Ansatz hat den Nachteil, dass sich Fehler aufsummieren können. Puzik untersucht das Fräsen von Metallen. Da das von ihm entwickelte dreidimensionale adaptive Interface zu schwer ist, um vom Roboter mitgeführt zu werden, ist es in die Werkstückaufspannung integriert. Auf den Industrieroboter wirken auf diese Weise lediglich die Gewichtskraft der Frässpindel und die Prozesslasten. Sowohl Perners als auch Puziks Ansatz zur Integration von Zusatzachsen eignet sich zur deutlichen Steigerung der Bahngenauigkeit.

Niermann et al. zeigen in ihrer Arbeit die Integration eines adaptiven Interfaces in Form einer piezoangetriebenen Stewart-Gough-Plattform zwischen der Roboterhand und einer Frässpindel [NKK19]. Ihre Arbeit beschränkt sich auf die Vorstellung des Konzepts sowie des ersten Prototyps und enthält keine Experimente.

Zusammenfassend kann festgestellt werden, dass adaptive Interfaces dazu geeignet sind, Limitierungen von Industrierobotern bezüglich ihrer Steuerbarkeit zu überwinden. Es können Bahngenauigkeiten kleiner der Wiederholgenauigkeit des Industrieroboters erreicht werden und die adaptiven Interfaces ermöglichen eine hochfrequente Schwingungsberuhigung der Roboterstruktur. Da adaptive Interfaces sehr teuer sind, ist ihr Einsatz nur sinnvoll, wenn die für den Prozess notwendige Bahngenauigkeit nicht mit anderen Methoden erreicht werden kann.

2.6.6 Kalibrierung und Modellerweiterung

Alle bis jetzt beschriebenen Methoden basieren auf einer Rückführung von gemessenen Bahnfehlern. Die Kalibrierung verfolgt einen gänzlich anderen Ansatz. Das inverse Modell des Roboters enthält eine Vielzahl von Parametern, die den Roboter

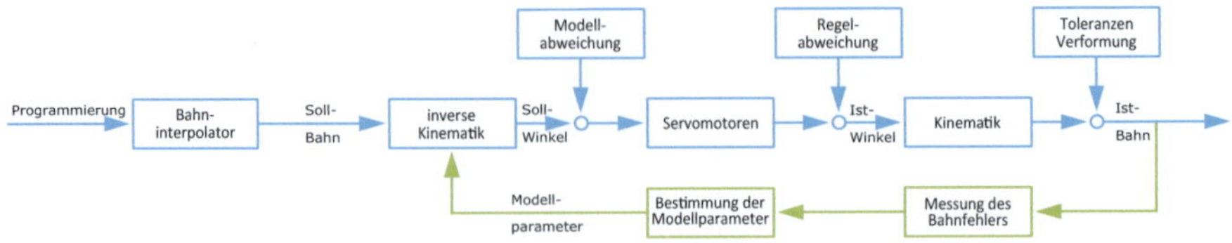

Abb. 2.7 Aufbau der Steuerung eines Industrieroboters mit kinematischer Kalibrierung. (Der grüne Anteil wird im Betrieb nicht benötigt.)

beschreiben. Da Roboter Fertigungstoleranzen unterliegen, sind diese Parameter für jeden Roboter verschieden. Ziel der Kalibrierung ist es, die Modellparameter für jeden Roboter entsprechend seiner tatsächlichen Eigenschaften zu bestimmen. Eine sehr umfangreiche Einführung in das Thema liefert Schröer [Sch93].

Es wird zwischen kinematischer und nichtkinematischer Kalibrierung unterschieden. Die kinematische Kalibrierung bezeichnet dabei die Anpassung aller Parameter der Kinematik. Wie in Abbildung 2.7 beschrieben, sind kinematische Kalibrierungen ohne Veränderungen an der Robotersteuerung möglich. Die nichtkinematische Kalibrierung beinhaltet die Bestimmung von Parametern für die Beschreibung von weiteren Einflüssen auf die Bahngenauigkeit, wie Nachgiebigkeiten der Roboterstruktur. Da Robotersteuerungen in der Regel rein kinematische Modelle enthalten, sind für nichtkinematische Kalibrierungen Modellerweiterungen notwendig (siehe Abb. 2.9). Die wichtigsten Einflussfaktoren sind [Sch93, S. 18]:

- geometrisch-kinematische Maße
- Übertragungsfehler der Getriebe
- Nachgiebigkeiten von Gelenken und Gliedern

Wenn es also möglich ist, das Verhalten des Roboters mit ausreichender Genauigkeit in einem Modell zu beschreiben und dieses Modell zu invertieren, kann es möglich sein, die Genauigkeit von Robotern bis in die Größenordnung der Wiederholgenauigkeit zu steigern [Wie01, S. 8]. Dies würde zu einer für die Fertigung von Faserverbundbauteilen ausreichenden Genauigkeit führen. Wiest erreicht in seiner Dissertation mit einer nichtkinematischen Kalibrierung einen mittleren Positionsfehler von 0,32 mm. Die folgenden Abschnitte beschreiben verschiedene Ansätze zur kinematischen und nichtkinematischen Kalibrierung.

2.6.7 Globale kinematische Kalibrierung

Da die Steuerungen von Industrierobotern üblicherweise keine Getriebe- und Nachgiebigkeitsmodelle enthalten, sind für nichtkinematische Kalibrierungen im Regelfall Modellerweiterungen notwendig. Daher ist es effizient, die Kalibrierung von Industrierobotern mit der kinematischen Kalibrierung zu beginnen. Das Ziel der globalen kinematischen Kalibrierung ist es, alle für die inverse Kinematik des Roboters relevanten Maße zu bestimmen und in der inversen Kinematik zu berücksichtigen. Damit steigert dieser Ansatz die Bahngenauigkeit im gesamten Arbeitsraum und wird daher als „global“ bezeichnet. Dabei gibt es jedoch einige limitierende Faktoren. Um die Echtzeitfähigkeit der Robotersteuerung zu ermöglichen, muss die inverse Kinematik möglichst analytisch gelöst werden. Eine geschlossene analytische Lösung existiert jedoch nur für zwei serielle Ketten mit sechs Freiheitsgraden [SK08, S. 27; Grä99, S. 20]:

1. Strukturen, bei denen sich die Achsen von drei Drehgelenken in einem Punkt einer Handachse schneiden [Pie68, S. 29; BAH14; Wie01, S. 35]
2. Strukturen mit drei aufeinanderfolgenden parallelen Drehgelenken [Haw13]

Somit bedingen Fertigungstoleranzen, die zu einer Verletzung dieser Annahmen führen, dass keine analytische Lösung der inversen Kinematik mehr existiert. Damit müssen Fertigungstoleranzen, die zu einer Verletzung dieser Bedingungen führen, entweder vernachlässigt oder die inverse Kinematik numerisch gelöst werden. Eine numerisch gelöste inverse Kinematik ist zwar möglich, zeichnet sich jedoch durch nicht vorhersagbare Rechenzeiten aus und ist damit nur begrenzt echtzeitfähig. Durch die kontinuierlich steigende Rechenleistung ist es jedoch mittlerweile möglich, auch numerische Lösungsansätze in Echtzeit zu berechnen. Hierzu existieren Ansätze, welche die Rechenzeit durch Linearisierungen deutlich beschleunigen. Diese erzeugen jedoch geringfügige Modellabweichungen [Sch17, S. 58]. Ein Beispiel hierfür sind der Leichtbauroboter des DLR und dessen kommerzielle Umsetzung, der Kuka LBR iiwa. Dieser benötigt aufgrund seiner sieben Gelenke einen numerischen Lösungsansatz für seine inverse Kinematik. Einen Überblick über die Steuerung des Leichtbauroboters liefert Schreiber in seiner Dissertation [Sch04].

Neben der Berücksichtigung der Fertigungstoleranzen im inversen Robotermodell besteht eine weitere Herausforderung in deren Vermessung. Hierzu existieren zwei Ansätze: Ein Ansatz sieht vor, jedes Bauteil beziehungsweise jede Baugruppe des Roboters einzeln zu vermessen. Diese komponentenweise Testung erzeugt sehr genaue Ergebnisse. Die Vielzahl der zu bestimmenden Modellparameter zeigt, dass dieser Ansatz zu einem enormen Aufwand führt:

- Längen- und Formabweichungen der Glieder
- Getriebe-Exzentrizitäten bzw. -Ungleichförmigkeiten [Ger91; nach Grä99, S. 65]
- Nulllagenfehler
- Achsschiefstände

Der zweite Ansatz zur Bestimmung der kinematischen Parameter besteht darin, die benötigten Modellparameter mit mathematischen Optimierungsverfahren zu bestimmen. Schröer liefert dazu in seiner Dissertation einen guten Überblick [Sch93]. Einen Vergleich verschiedener Optimierungsverfahren findet sich in der Dissertation von Beyer [Bey05, S. 89 ff.]. Die mathematischen Optimierungsverfahren reduzieren zwar den experimentellen Aufwand zur Bestimmung der Modellparameter, sind aber in ihrer Genauigkeit begrenzt. Eine große Einschränkung stellen beispielsweise lineare Abhängigkeiten zwischen verschiedenen Parametern dar. Diese erlauben es nicht, die einzelnen abhängigen Parameter eindeutig zu bestimmen. Daher ist es notwendig, einen Parametersatz für die Fertigungstoleranzen festzulegen, welcher keine linearen Abhängigkeiten enthält, was unweigerlich zu Modellabweichungen führt.

Es lässt sich also festhalten, dass es grundsätzlich möglich ist, die Abweichung zwischen der tatsächlichen und der inversen Kinematik deutlich zu reduzieren. Es existiert jedoch ein Zielkonflikt zwischen der Echtzeitfähigkeit, dem Aufwand zur Parameterbestimmung und der verbleibenden Modellabweichung. Somit eignen sich globale Verfahren, insbesondere für eine Reduktion des Bahnfehlers über den gesamten Arbeitsraum. Sie können allerdings nicht alle Effekte berücksichtigen, die Bahnabweichungen erzeugen, was unweigerlich zu einer verbleibenden Bahnabweichung führt.

2.6.8 *Lokale Kalibrierung*

Neben der Möglichkeit, die genauen Modellparameter für die inverse Kinematik zu bestimmen, gibt es auch die Möglichkeit, den Bahnfehler zu vermessen und zur Verbesserung der inversen Kinematik zu nutzen. Hierzu wird der Arbeitsraum des Roboters in ein Punkteraster eingeteilt und für jeden Punkt die Posen-Abweichung in einer Datenbank gespeichert. Die Robotersteuerung kompensiert den Bahnfehler dann während des Betriebs entsprechend der hinterlegten Bahnfehler-Datenbank (siehe Abb. 2.8). Für Bereiche zwischen mehreren Messpunkten wird der Bahnfehler interpoliert. Diewald stellt in seiner Dissertation ein solches Verfahren vor [Die95]. Da sich der Bahnfehler gut durch höhergradige trigonometrische Polynome beschreiben lässt, eignen sich diese in besonderem Maße zur Interpolation [Zho95, S. 96].

Die Berücksichtigung auch nichtkinematischer Fehlerursachen ist ein großer Vorteil der lokalen Kalibrierung. Nachteilig ist hingegen, dass es einen Zielkonflikt zwischen der benötigten Messzeit und der zu erreichenden Bahngenauigkeit gibt. Vorteile der lokalen Methoden sind die uneingeschränkte Echtzeitfähigkeit und der geringe Programmieraufwand für die Umsetzung. Da der Aufwand zur Bestimmung des Posen-Fehlers im Punkteraster proportional zum vermessenden Arbeitsraum ist, eignen sich lokale Kalibrierungen insbesondere dann, wenn große Bahngenauigkeiten in einem kleinen Arbeitsraum benötigt werden. Da lokale Methoden keine Modellparameter enthalten, werden diese auch als nichtparametrische Methoden bezeichnet.

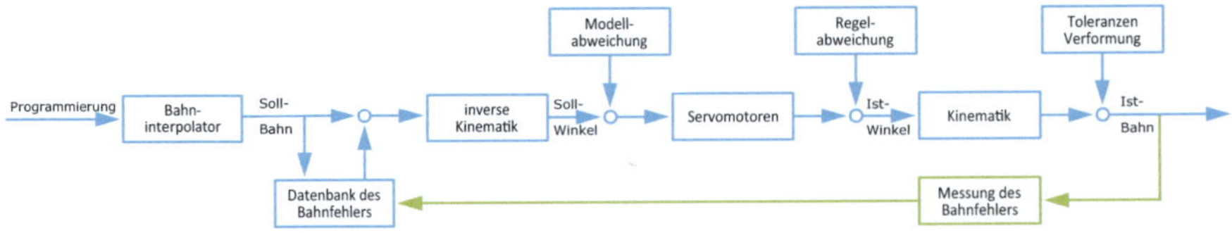

Abb. 2.8 Aufbau der Steuerung eines Industrieroboters mit lokaler Kalibrierung (Der grüne Anteil wird im Betrieb nicht benötigt.)

Dementsprechend können globale Methoden als parametrische Methoden bezeichnet werden. Da die gemessenen Bahnfehler immer den gesamten Bahnfehler abbilden und nicht nur den, der aufgrund einer fehlerhaften inversen Kinematik entsteht, handelt es sich bei der lokalen Kalibrierung um eine Mischform aus kinematischer und nichtkinematischer Kalibrierung. Zhou et al. zeigen, dass der Industrieroboter eines mobilen Roboters mit einer lokalen Kalibrierung und einem Raster von 50 mm eine Positionsgenauigkeit von 0,11 mm erreichen kann [Zho+21].

2.6.9 Nichtkinematische Kalibrierung

Neben Abweichungen zwischen der inversen und der tatsächlichen Kinematik führt eine Vielzahl weiterer Effekte zu Bahnabweichungen. In erste Linie ist hierbei die elastische Verformung von Gelenken und Gliedern zu nennen. Wie bereits in Abschnitt 2.6.4 beschrieben, spielen auch dynamische Effekte eine Rolle im Bahnverhalten von Robotern. Die wichtigsten Einflussfaktoren sind:

- Nachgiebigkeit von Gelenken und Gliedern [Rös15; Alb02]
- Massen, Schwerpunkte, Trägheitsmomente
- Dämpfung [Alb02]
- Reibung [Alb02]
- Getriebespiel [Rös15]
- verbundene Achsen, Koppelungstherme
- Berücksichtigung des Lastausgleichs [Rei10]
- thermische Verformung [Ric98; Grä99]

Bei der Roboterkalibrierung gibt es einen Zielkonflikt zwischen der Vollständigkeit und damit der Genauigkeit des Modells und der Minimalität des Modells. Das inverse Modell sollte immer möglichst einfach sein, um eine Echtzeitberechnung zu ermöglichen und den Aufwand zur Parameterbestimmung gering zu halten [Sch93, S. 19].

Da die Steuerungen von Industrierobotern nicht alle notwendigen Modelle enthalten, um die oben aufgezählten Effekte zu beschreiben, ist eine nichtkinematische Kalibrierung in der Regel nur mithilfe einer Modellerweiterung möglich. Abbildung 2.9 gibt einen Überblick über die Funktionsweise der nichtkinematischen Kalibrierung. Da die inverse Kinematik des Roboters im Regelfall keine nichtkinematischen Modelle enthält, muss diese zunächst um solche Modelle erweitert werden. Zusätzliche Sensorik ermöglicht es, auftretende Prozesslasten zu berücksichtigen. Die Modellparameter können, analog zur kinematischen Kalibrierung, entweder durch eine komponentenweise Testung oder durch mathematische Optimierungsverfahren bestimmt werden, wobei bei der nichtkinematischen Kalibrierung deutlich mehr lineare Abhängigkeiten auftreten.

Eine gute Einführung in die nichtkinematische Kalibrierung liefert Rösch in seiner Dissertation [Rös15]. Rösch nutzt ein Steifigkeitsmodell und einen Kraftsensor,

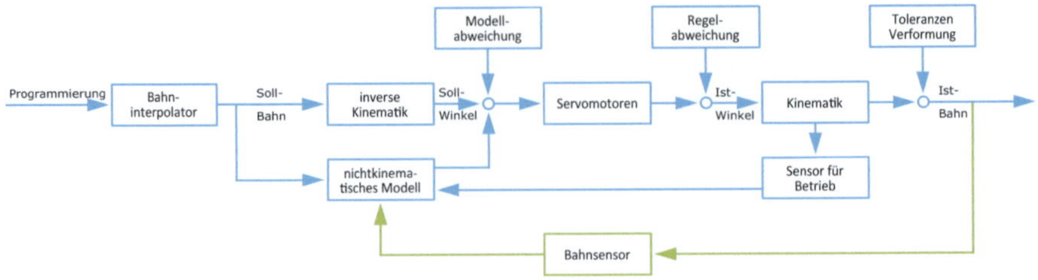

Abb. 2.9 Aufbau der Steuerung eines Industrieroboters mit Modellerweiterung um ein inverses, nichtkinematisches Modell (Aufbau zur nichtkinematischen Kalibrierung in grün)

um die Abdrängung des Tool Center Points (TCP) beim Fräsen von Metallen vorherzusagen. Das eingesetzte Modell beschreibt jedes Gelenk des Roboters mit drei Steifigkeiten. Da auch das zweite und das dritte Glied[10] deutlich zum Verformungsverhalten beitragen, beschreibt Rösch auch diese mit jeweils drei Steifigkeiten. Das Modell ist in der Lage, die statische Abdrängung des Roboters mit einer mittleren Abweichung zur Vergleichsmessung von 4,5 % bis 7,9 % vorherzusagen [Rös15, S. 105]. Fräsversuche zeigen, dass dieses Modell die Abdrängung eines Fräsers in Vorschubnormalenrichtung von maximal 1,4 mm auf maximal 0,4 mm senken kann [Rös15, S. 118]. Zur Bestimmung der Nachgiebigkeiten belastet Rösch den Roboter mit einem Pneumatikzylinder und misst die Verformungen jedes Gelenks mit einem Laservibrometer. Dieser Ansatz vernachlässigt alle auftretenden dynamischen und nichtlinearen Effekte.

Weitere Untersuchungen zur Nachgiebigkeit der Roboterstruktur sind in der Dissertation von Weigold zu finden. Auch Weigold stellt fest, dass die Gelenke das Nachgiebigkeitsverhalten dominieren, wobei auch die Nachgiebigkeiten der Glieder einen deutlichen Anteil an der Gesamtverformung haben [Wei08, S. 65]. Zur Beschreibung des Verformungsverhaltens in einem Würfel mit 800 mm Kantenlänge definiert er in diesem Arbeitsraum 27 Punkte, für die er die Steifigkeiten experimentell bestimmt. Zwischen den Punkten wird die Nachgiebigkeit interpoliert. Diese Messung erfordert einen Zeitaufwand von etwa einer Woche [Wei08, S. 113]. Weigolds Modellerweiterung ist dazu geeignet, die Abdrängung des Fräsers quer zu einer gefrästen Nut von 0,28 mm auf 0,08 mm zu senken [Wei08, S. 131].

Wiest stellt in seiner Dissertation einen gemischten Ansatz aus kinematischer und nichtkinematischer Kalibrierung vor [Wie01]. Hierzu bestimmt er Gelenksteifigkeiten und Fertigungsabweichungen mittels mathematischer Optimierungsmethoden. Um die mathematische Optimierung zu ermöglichen, reduziert Wiest den Parametersatz, bis keine linear abhängigen Parameter mehr vorliegen. Wiests Modell nutzt 12 Steifigkeiten und 18 geometrische Parameter. Er erprobt die Modellerweiterung an insgesamt 280 Robotern desselben Typs mit einer Nennlast von 150 kg und erreicht dabei für die mittlere Positionsgenauigkeit einen Mittelwert von 0,32 mm bei einer Streuung von $\pm$ 0.06 mm [Wie01, S. 61].

[10] von Kuka „Schwinge“ und „Arm“ genannt.

Neben der elastischen Verformung der Roboterstruktur können auch thermische Effekte einen großen Einfluss auf den Bahnfehler haben. Thermische Effekte sind durch die instationären Temperaturfelder sehr aufwendig in der Modellierung und der Vermessung [Grä99; Bon04]. Da thermische Effekte zu einer Veränderung der Kinematik führen, schlägt Beyer vor thermische Effekte durch eine kontinuierliche kinematische Kalibrierung zu kompensieren. Hierzu bestimmen Sensoren den Positionsfehler des Roboters in regelmäßigen Abständen. Auf Basis dieser Messung erfolgt eine kinematische Kalibrierung mit mathematischen Optimierungsverfahren. Diese passt die kinematischen Parameter an den aktuellen thermischen Zustand an [Bey05, S. 124 ff.].

Versuche, umfassende Modelle zu entwickeln, die alle, insbesondere auch die dynamischen Effekte berücksichtigen, sind nicht bekannt und auch aus verschiedenen Gründen nicht sinnvoll. So bedingen detaillierte Modelle numerische Lösungsverfahren, die in Verbindung mit der hohen Modellkomplexität zu langen Rechenzeiten führen. Darüber hinaus ist die effiziente Bestimmung aller notwendigen Modellparameter aufgrund von linearen Abhängigkeiten nicht mit Optimierungsverfahren möglich. Eine Zerlegung der Roboter für eine komponentenweise Testung aller Parameter inklusive des Wiederaufbaus des Roboters ist aufgrund des enormen Aufwands kaum zu leisten.

2.6.10 Kalibrierung mit künstlichen neuronalen Netzen

Die vorherigen Abschnitte beschreiben umfassend, warum Modellierungsansätze, die die tatsächlich auftretenden physikalischen Effekte zur Beschreibung des Roboterverhaltens nutzen, zu hohen Rechenzeiten und großem Aufwand bei der Bestimmung der Parameter führen. Eine Alternative ist die Beschreibung des Bahnfehlers mit künstlichen neuronalen Netzen (KNN). Diese zeichnen sich insbesondere durch eine deterministische Rechenzeit und effiziente numerische Verfahren zur Bestimmung der Modellparameter aus. Der grundlegende Aufbau der Robotersteuerung bleibt gleich, lediglich der Modellierungsansatz verändert sich.

Eine der ersten Arbeiten in diesem Themenfeld stellt die Dissertation von Zhong dar [Zho95]. Darin stellt er fest, dass sich der Bahnfehler eines Roboters als ein trigonometrisches Polynom hoher Ordnung beschreiben lässt. Da künstliche neuronale Netze dazu geeignet sind, beliebige stetige Funktionen zu approximieren, schlussfolgert Zhong, dass der Bahnfehler eines Roboters mit künstlichen neuronalen Netzen zu beschreiben ist [Zho95, S. 96]. Zur Bestimmung der Trainingsdatensätze verwendet er eine Koordinatenmessmaschine. Dieses ermöglicht es lediglich, statische Positionen in einem begrenzten Teil des Arbeitsraums des Roboters zu untersuchen. Daher ordnet Zhong sein Verfahren in die lokalen Verfahren ein. Diese Einordnung ist mittlerweile durch die Verfügbarkeit von Lasertracking-Interferometern infrage zu stellen, war aber zum Zeitpunkt der Veröffentlichung der Dissertation richtig.

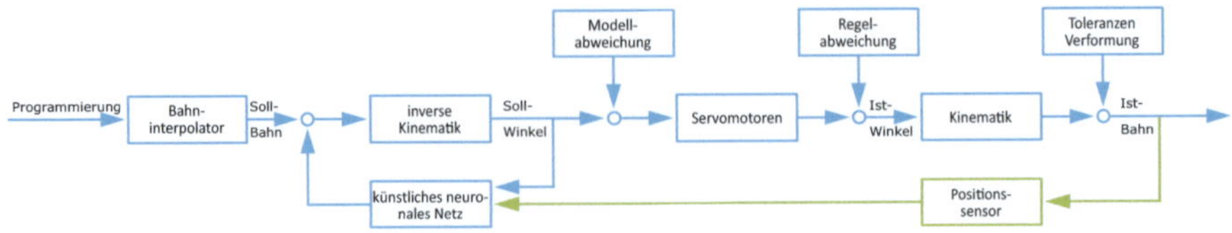

Abb. 2.10 Aufbau von Zhongs Modellerweiterung mittels KNN [nach Zho95, S. 103]. (Grüne Bereiche dienen nur dem Training.)

Zhong untersucht die Eignung künstlicher neuronaler Netze zur Steigerung der Bahngenauigkeit von Industrierobotern mit verschiedenen Ansätzen. Unter anderem vergleicht er zwei verschiedene Netztypen in ihrer Eignung, den Positionsfehler von Industrierobotern zu beschreiben. Er vergleicht Pi-Sigma-[11] und Feed-Forward-Netze. Für das Training der Netze nutzt er die Soll-Achswinkel aus der bestehenden inversen Kinematik des Roboters als Eingang und den Positionsfehler des Roboters als Ausgang (siehe Abb. 2.10). Beide Netze zeigen eine fast identische Genauigkeit bei der Vorhersage des Positionsfehlers, wobei das Pi-Sigma-Netz deutlich weniger Kanten enthält und damit schneller lernt. Zhong erreicht für beide Ansätze einen durchschnittlichen Modellierungsfehler von 0,24 mm, mit einer Standardabweichung von 0.14 mm für die Position des Roboters [Zho95, S. 106 ff.]. Damit liegt die Modellierung des Positionsfehlers in der Größenordnung der Wiederholgenauigkeit des eingesetzten Roboters und somit dicht am theoretischen Limit dieser Methode.

Limitierungen des eingesetzten Roboters führen dazu, dass das Netz für den Echtzeitbetrieb modifiziert werden muss. Für eine Integration in die Robotersteuerungen stehen dem Netz als Eingang nur die Soll-Achswinkel zur Verfügung. Daher trainiert Zhong ein zweites Netz, welches als Eingang die Soll-Achswinkel nutzt und Soll-Achswinkelkorrekturen ausgibt. Mit diesem zweiten Netz ist es möglich, die Positionsgenauigkeit des Roboters deutlich zu steigern. Eine experimentelle Untersuchung zeigt, dass der maximale Positionsfehler des Roboters von 4,2 mm auf 1,58 mm gesenkt werden konnte. In den Messdaten sind allerdings noch systematische Fehler vorhanden, die Zhong anhand der Standardabweichungen nachweist, ohne sie jedoch weiter zu untersuchen. Entsprechend ist bei einem besseren Versuchsaufbau mit einer weiteren Steigerung der Positionsgenauigkeit zu rechnen. Zusammenfassend zeigt Zhong sehr anschaulich und umfassend, wie die Positionsgenauigkeit eines Roboters in einem begrenzten Arbeitsraum mittels künstlicher neuronaler Netze gesteigert werden kann. Er geht davon aus, dass es möglich ist, die Positionsgenauigkeit bis in die Größenordnung der Positionswiederholgenauigkeit zu steigern [Zho95, S. XIV].

Neuere Arbeiten machen sich die Verfügbarkeit von leistungsfähigen Bahnsensoren zur Erstellung von Trainingsdatensätzen für die Netze zunutze. Nguyen et al. untersuchen die Eignung von KNN zur Steigerung der Positionsgenauigkeit zunächst anhand von Simulationen [NZK15]. In weiterführenden Arbeiten führen sie eine ki-

[11] Siehe [GS92].

nematische Kalibrierung durch und nutzen anschließend KNN zur Kompensation des Restfehlers. Die KNN sagen den Positionsfehler auf Basis der Soll-Achswinkel voraus. In weiterführenden Arbeiten implementiert die Arbeitsgruppe den Ansatz echtzeitfähig innerhalb einer Robotersteuerung. Dies erlaubt ihr, in experimentellen Untersuchungen zu zeigen, dass der mittlere Positionsfehler mit einer Kombination von kinematischer Kalibrierung und künstlichen neuronalen Netzen von 4,07 mm auf 0,33 mm gesenkt werden kann [NLK19]. Da es sich bei dem Roboter um einen Prototyp handelt, kann keine Aussage zu dessen Positionswiederholgenauigkeit getroffen werden.

Le et al. erweiterten den Ansatz von Nguyen et al., indem sie eine kinematische Kalibrierung, ein Nachgiebigkeitsmodell und ein KNN zur Steigerung der Bahngenauigkeit kombinieren [LK20]. Da beide Autorengruppen denselben Versuchsaufbau nutzen, sind ihre Ergebnisse gut vergleichbar. Der Ansatz von Le et al. führt zu einer Erhöhung des mittleren Positionsfehlers von 0,33 mm auf 0,39 mm und zu seiner Senkung des maximalen Fehlers von 0,84 mm auf 0,65 mm.

Johnen et al. untersuchen die Eignung von KNN zur Vorhersage von Bahnfehlern. Für die Vorhersage von Bahnfehlern müssen, im Vergleich zu Positionsfehlern, deutlich mehr Effekte betrachtet werden, da während einer Bewegung eine Vielzahl von dynamischen Lasten auf die Roboterstruktur wirken und damit zu deren Verformung führen. Weiterhin treten während der Bahnbewegungen in den Antrieben Regelabweichungen auf, welche im Stillstand des Roboters gegen null laufen. Johnen et al. zeigen in ihren Arbeiten, dass der Bahnfehler mit einer Abweichung in der Größenordnung der Bahnwiederholgenauigkeit mit künstlichen neuronalen Netzen vorherzusagen ist [JSK11; JSK13]. Der von Johnen et al. eingesetzte Roboter weist eine Positionswiederholgenauigkeit von 0.03 mm und eine Bahnwiederholgenauigkeit von 0.11 mm auf [ABB19].

Zusammenfassend kann festgehalten werden, dass künstliche neuronale Netze in der Lage sind, den Positionsfehler in der Größenordnung der Positionswiederholgenauigkeit und den Bahnfehler in der Größenordnung der Bahnwiederholgenauigkeit vorherzusagen. Eine echtzeitfähige Integration von KNN in die Robotersteuerung ist möglich. Damit können KNN, die Positionsgenauigkeit in die Größenordnung der Positionswiederholgenauigkeit steigern. Die Eignung von KNN zur Steigerung der Bahngenauigkeit wurde bisher nicht experimentell untersucht. Basierend auf den Untersuchungen zur Bahnfehlervorhersage ist zu erwarten, dass mit KNN deutliche Steigerungen der Bahngenauigkeit möglich sind.

Der große Unterschied zwischen Bahngenauigkeit und Positionsgenauigkeit kommt in erster Linie durch dynamische Effekte zustande. Da die untersuchten neuronalen Netze keine Eingänge haben, die Rückschlüsse auf dynamische Effekte zulassen, können sie diese nicht abbilden. Daher ist zu vermuten, dass die Bahngenauigkeit mit künstlichen neuronalen Netzen über die Bahnwiederholgenauigkeit hinaus gesteigert werden kann, wenn das Netz dazu befähigt wird, dynamische Effekte abzubilden.

Verschiedene Veröffentlichungen zeigen, dass KNN eine Vielzahl dieser dynamischen Effekte abbilden können. So zeigen Cho et al., dass KNN Motormomente eines eingliedrigen Roboters vorhersagen können [CHK19]. Wu et al.

weisen nach, dass KNN in der Lage sind, die Schwingungsantwort eines Mehrfreiheitsgradsystems vorherzusagen [WJ19]. Als Untersuchungszustand nutzen sie eine Stahlkonstruktion, die ein dreistöckiges Haus repräsentiert. Li et al. belegen in ihrem Review, dass KNN in der Lage sind, die thermisch verursachte Drift in der Bahngenauigkeit von Werkzeugmaschinen zu modellieren und dabei eine Genauigkeit von 70 % bis 90 % zu erreichen [Li+09]. Ferner ist es möglich, die inverse Kinematik von Robotern mithilfe von KNN zu berechnen [Duk14; AAU14; ADK16].

All diese Arbeiten belegen, dass KNN dazu geeignet sind, Effekte, die zu Bahnfehlern führen, zu beschreiben. Es lässt sich also vermuten, dass KNN eine geeignete Methode darstellen, um die Bahngenauigkeit auf ein Maß zu steigern, welches unterhalb der Bahnwiederholgenauigkeit liegt. Es gibt jedoch keine Untersuchungen, die eine umfassende Modellierung eines Großteils der für den Bahnfehler relevanten Effekte in einem KNN zeigen. Da KNN einfach um die Einflüsse der mobilen Plattform zu erweitern und potenziell dazu geeignet sind, bessere Bahngenauigkeiten als nichtkinematische Kalibrierungen zu erreichen, stellen sie den vielversprechendsten Ansatz zur Steigerung der Bahngenauigkeit von Industrierobotern auf mobilen Plattformen dar. Damit ist die Modellierbarkeit der verschiendenen Einflussfaktoren auf den Bahnfehler in einem KNN eine Kernfrage dieser Arbeit.

2.7 Zusammenfassung und Forschungsbedarf

Da parallele Bewegungen von Plattform und Roboterarm Gegenstand aktueller Forschung sind, können keine Aussagen zur Bahngenauigkeit von mobilen Robotern bei gleichzeitiger Bewegung von Roboterarm und Plattform getroffen werden. Gawel et al. zeigen, dass mobile Roboter mit sequenziellen Bewegungen von Plattform und Roboterarm Positionsgenauigkeiten im Bereich einiger Zentimeter erreichen [Gaw+19]. Die Betrachtung der Teilsysteme zeigt, dass mobile Plattformen nicht in der Lage sind, die zur Fertigung von Faserverbundbauteilen benötigte Bahngenauigkeit zu erreichen. Roboterarme hingegen erzielen Bahngenauigkeiten im Submillimeterbereich und eignen sich damit zur Faserverbundfertigung, wenn Methoden zur Steigerung der Bahngenauigkeit eingesetzt werden.

Somit ist eine Fertigung von faserverstärkten Bauteilen nur möglich, wenn der Roboterarm den Bahnfehler der mobilen Plattform ausgleicht. Daher muss zur Beantwortung der Frage, ob mobile Roboter dazu geeignet sind, große Faserverbundbauteile zu fertigen, die Frage geklärt werden, ob Roboterarme auf Plattformen die dafür nötigen Genauigkeiten erreichen können. Da die Plattform einen Einfluss auf die Randbedingungen der Industrieroboter hat, ist es fraglich, ob Methoden zur Steigerung der Bahngenauigkeit stationärer Roboter auf mobile Roboter übertragen werden können. Sollten die Methoden zu übertragen sein, ist davon auszugehen, dass die Fertigung von Faserverbundbauteilen mit mobilen Robotern möglich ist. Eine Modellerweiterung beziehungsweise Kalibrierung mit KNN stellt dabei den vielversprechendsten Ansatz dar, da sie einfach um die Einflüsse der Plattform zu erweitern ist und effiziente Methoden zur Bestimmung der Modellparameter zur Verfügung stehen. Da die Leistungsfähigkeit von Modellerweiterung mit KNN bisher nur in Bezug auf die Steigerung von Positionskennwerten untersucht wurde, stellt ihr Einsatz zur Steigerung der Bahngenauigkeit sowohl für stationäre, als auch für mobile Roboter eine offene Forschungsfrage dar, die einen Kern der vorliegenden Arbeit bildet.

Kapitel 3
Forschungsfragestellung

Die Motivation dieser Arbeit ist es zu untersuchen, ob mobile Industrieroboter für die Fertigung großer Faserverbundbauteile geeignet sind. Mit großen Bauteilen sind in diesem Kontext Bauteile gemeint, die größer sind als der Arbeitsraum des Roboterarms und damit sowohl Bewegungen der Plattform als auch des Roboterarms erforderlich machen. Eines der wichtigsten Kriterien zur Bewertung der Eignung der mobilen Roboter ist deren Bahngenauigkeit. Um qualitativ hochwertige Bauteile fertigen zu können, sind Bahngenauigkeiten im Submillimeterbereich notwendig. Bei der Faserablage entstehen durch die Bahnabweichungen Fehlstellen im Bauteil, welche dessen mechanische Eigenschaften verschlechtern. Bei nachgelagerten Produktionsschritten wie dem Besäumen ergibt sich die notwendige Bahngenauigkeit unmittelbar aus den Bauteiltoleranzen und liegt ebenfalls im Submillimeterbereich. Somit stellt die Bahngenauigkeit ein zentrales Kriterium zur Bewertung der Eignung mobiler Roboter zur Fertigung von Faserverbundbauteile dar und steht damit im Zentrum dieser Arbeit.

Die Literatur enthält keine Untersuchungen zur Bahngenauigkeit mobiler Roboter, die zur Fertigung von großen kohlenstofffaserverstärkten Bauteilen geeignet wären. Das junge Forschungsfeld der mobilen Robotik konzentriert sich derzeit auf kleinere Roboter mit Nutzlasten deutlich unter 100 kg, was nicht ausreicht, um übliche Ablegeköpfe für Kohlenstofffaserbänder zu tragen. Dem wenigen Wissen zur Bahngenauigkeit großer mobiler Roboter steht ein umfangreiches Wissen zur Bahngenauigkeit der beiden Teilsysteme, mobiler Plattform und Industrieroboter, gegenüber.

Es ist bekannt, dass mobile Plattformen nur geringe Bahngenauigkeiten erreichen, wobei die Bahnfehler im Bereich von Millimetern bis mehreren Zentimetern liegen. Ein begrenzender Faktor für die Bahngenauigkeit ist in erster Linie der Schlupf der Räder. Dieser hängt von vielen Umweltfaktoren ab und ist damit kaum vorherzusagen. Da sich der Schlupf aufsummiert, kann er über die Betriebsdauer der Plattform zu einer immer größer werdenden Drift führen. Daher ist eine Bestimmung der Position der Plattform in wiederkehrenden Intervallen notwendig. Alternativ kann

M. Neitmann, *Steigerung der Bahngenauigkeit mobiler Industrieroboter durch eine Modellerweiterung mittels künstlicher neuronaler Netze*, Mechanics and Adaptronics,
https://doi.org/10.1007/978-3-662-69561-6_3

eine kontinuierliche Kompensation der Drift mit einer Bahnregelung erreicht werden. Aufgrund von Begrenzungen in den Antrieben, wie etwa unrunden Mecanum-Rädern oder nichtholonomen Antriebskonfigurationen, sind Bahngenauigkeiten im Submillimeterbereich nicht zu erreichen (siehe Abschn. 2.4).

Stationäre Industrieroboter weisen typischerweise Bahnabweichungen von mehreren Millimetern auf. Diese können jedoch durch Maßnahmen zur Genauigkeitssteigerung bis in den Submillimeterbereich reduziert werden. Durch diese Maßnahmen ist der Roboter in der Lage, den Bahnfehler der Plattform auszugleichen und damit die Bahngenauigkeit des Gesamtsystems in den Submillimeterbereich zu senken. Entsprechend stellt eine Genauigkeitssteigerung des Roboterarms eine notwendige Bedingung für die Fertigung von Faserverbundbauteilen mit mobilen Robotern dar. Die einzelne Betrachtung der beiden Teilsysteme ist zielführend, da gleichzeitige Bewegungen von Roboterarm und Plattform noch Gegenstand derzeitiger Forschung sind. Aktueller Stand der Technik sind abwechselnde Bewegungen vom Roboterarm und Plattform (siehe Abschn. 2.2).

Die Randbedingungen von Robotern auf mobilen Plattformen unterscheiden sich stark von denen stationärer Roboter. Bei mobilen Robotern ist von einer deutlich reduzierten Fundamentsteifigkeit auszugehen. Zudem erweitert die Plattform die kinematische Kette um ein weiteres Glied, welches ein zusätzliches schwingungsfähiges System darstellt. Aus diesem Grund ist es fraglich, ob die bekannten Verfahren zur Steigerung der Bahngenauigkeit stationärer Industrieroboter auf Roboter auf mobilen Plattformen angewendet werden können.

Die Anwendbarkeit von bekannten oder zumindest angepassten Verfahren zur Steigerung der Bahngenauigkeit ist eine Grundvoraussetzung für die Erreichbarkeit der notwendigen Bahngenauigkeiten für die Fertigung von großen Faserverbundbauteilen. Um die Einflüsse der Plattform auf die Bahngenauigkeit des Industrieroboters und die Eignung bekannter Verfahren zur Steigerung der Bahngenauigkeit zu prüfen, umfasst die vorliegende Arbeit zwei Hypothesen, die in den folgenden Abschnitten erläutert werden. Sofern sich beide Hypothesen bestätigen, ist davon auszugehen, dass sich mobile Roboter zur Fertigung von großen Faserverbundbauteilen eignen.

Zusammenfassend lässt sich festhalten, dass mobile Plattformen die für die Fertigung von kohlenstofffaserverstärkten Kunststoffen benötigte Genauigkeit nicht erreichen. Der Roboterarm hingegen kann die geforderten Genauigkeiten im Submillimeterbereich erreichen. Daher ist es sinnvoll, die Positionsfehler der Plattform mit dem Roboterarm auszugleichen.

3.1 Hypothese 1: Beeinflussung des stochastischen Anteils des Bahnfehlers durch die Plattform

Der Bahnfehler von Robotern setzt sich aus einem großen systematischen und einem kleinen stochastischen Anteil zusammen. Ziel aller Methoden zur Steigerung der

Bahngenauigkeit, die darauf verzichten, die Konstruktion des Roboters zu verändern, ist es, den systematischen Anteil des Bahnfehlers durch dessen Modellierung oder durch eine Bahnreglung zu reduzieren. Damit ist eine Steigerung der Bahngenauigkeit maximal bis hin zur Größe des stochastischen Fehlers möglich. Da eine Änderung der Konstruktion nicht sinnvoll ist, begrenzt also der stochastische Anteil die maximal erreichbare Bahngenauigkeit.

Der systematische Anteil wird in der Robotik üblicherweise durch die Genauigkeit beschrieben. Diese wiederum wird in erster Linie durch die Steifigkeit und durch geometrische Abweichungen in der kinematischen Kette des Roboters definiert. Der stochastische Anteil wird durch die Wiederholgenauigkeit beschrieben. Der primäre limitierende Faktor für die Wiederholgenauigkeit ist die Regelgüte der Servoantriebe. Da die Plattform die kinematische Kette des Industrieroboters lediglich um ein Glied und nicht um Antriebe erweitert, ist es wahrscheinlich, dass die Plattform nur die Genauigkeit und nicht die Wiederholgenauigkeit des Industrieroboters beeinflusst. Diese Überlegung führt zur ersten Forschungshypothese, die eine notwendige Bedingung für die zweite Hypothese darstellt:

> Die reduzierte Fundamentsteifigkeit, die durch die Montage eines Roboters auf einer mobilen Plattform entsteht, verändert dessen Positions- und Bahngenauigkeit. Im Vergleich zu einer stationären Montage führt die mobile Plattform zu einer gleichbleibenden Wiederholgenauigkeit und zu einer reduzierten Genauigkeit.

3.2 Hypothese 2: Anwendbarkeit künstlicher neuronaler Netze zur Steigerung der Bahngenauigkeit

Wie in der Einleitung des Kapitels beschrieben, sind Maßnahmen zur Steigerung der Bahngenauigkeit für die Fertigung von Faserverbundbauteilen mit mobilen Robotern notwendig, um die geforderte Genauigkeit im Submillimeterbereich zu gewährleisten. Die notwendigen Genauigkeiten sind durch Bahnregelungen und nichtkinematische Kalibrierungen zu erreichen. Bahnregelungen sind in der Lage, die Bahngenauigkeit eines Industrieroboters bis in die Größenordnung der Positionswiederholgenauigkeit zu steigern. Da Bahnregelungen jedoch aufgrund der benötigten Sensorik zum einen sehr teuer und zum anderen störungsanfällig sind, ist die nichtkinematische Kalibrierung des Roboters zu bevorzugen.

Für eine nichtkinematische Kalibrierung eines mobilen Roboters ist eine Erweiterung der aus der Literatur bekannten Modelle der stationären Roboter um die Plattform notwendig. Mit einer geeigneten Erweiterung der Modelle ist davon auszugehen, dass die erforderlichen Bahngenauigkeiten erreicht werden können. Ein weitverbreiteter Ansatz zur nichtkinematischen Kalibrierung ist die Erweiterung des inversen kinematischen Modells mit physikalischen Modellen (siehe Abschn. 2.6.9). Hierzu ist neben der Formulierung der entsprechenden Modelle auch die Identifikation einer Vielzahl von Modellparametern notwendig. Aufgrund ihres großen Einflusses auf die Bahngenauigkeit beginnt die Modellerweiterung in der Regel mit der Berücksichtigung der Steifigkeiten der Glieder und Gelenke. Diese können entweder durch eine komponentenweise Testung oder durch mathematische Optimierungsverfahren bestimmt werden. Die komponentenweise Testung ist sehr aufwendig und daher für einen industriellen Einsatz nicht vielversprechend. Die mathematische Optimierung führt zu einem geringeren experimentellen Aufwand, ist jedoch nicht in der Lage, linear abhängige Parameter zu bestimmen. Durch die Erweiterung der kinematischen Kette um die Plattform ist von einer Zunahme der linear abhängigen Parameter auszugehen, was die bestimmbaren Parameter weiter reduziert.

Einen besseren Ansatz stellt die Nutzung von künstlichen neuronalen Netzen (KNN) zur Beschreibung des Bahnfehlers dar. Künstliche neuronale Netze sind dazu geeignet, komplexe Systeme und nichtlineare Effekte zu beschreiben. Mit dem ADAM Lernverfahren steht ein sehr effizientes Verfahren zur Bestimmung der Modellparameter zur Verfügung [KB15]. Der Stand des Wissens zeigt, dass KNN geeignet sind, quasistatische Anteile des Bahnfehlers von Industrierobotern vorherzusagen (siehe Abschn. 2.6.10). Die beschriebenen Netze nutzen dabei lediglich die aktuelle Soll-Pose zur Modellierung des Bahnfehlers. Damit sind sie nicht in der Lage, dynamische Effekte vorherzusagen. Dynamische Effekte und Prozesskräfte haben jedoch einen großen Einfluss auf den Bahnfehler. Es ist bekannt, dass KNN auch nichtlineare dynamische Systeme und Mehrfreiheitsgradsysteme beschreiben können. Dementsprechend ist davon auszugehen, dass künstliche neuronale Netze auch den dynamischen Anteil des Bahnfehlers modellieren können, wenn ihr Eingangsvektor erweitert wird. Hierzu sind Kennwerte notwendig, die Rückschlüsse auf den dynamischen Zustand des Roboters zulassen.

Es ist zu erwarten, dass ein solches KNN den Bahnfehler eines Industrieroboters auf einer mobilen Plattform mindestens genauso gut vorhersagen kann wie die in Abschnitt 2.6.9 beschriebenen nichtkinematischen Modellerweiterungen stationärer Roboter. Wiest erreicht mit seiner physikalischen Modellerweiterung eine mittlere Positionsgenauigkeit von 0,32 mm [Wie01, S. 61]. Auf dieser Grundlage erscheint es möglich, mit KNN einen mittleren Vorhersagefehler in derselben Größe zu erreichen.

Auch wenn ein KNN gefunden werden kann, welches den Bahnfehler mit einer mittleren Abweichung von 0,32 mm vorhersagt, ist bei einer Integration der Modellerweiterung in die Robotersteuerung mit weiteren Einflussfaktoren zu rechnen, die zu einer Senkung der Bahngenauigkeit führen. Zu nennen sind hierbei unter anderem Totzeitglieder in der Steuerung oder Filter, die dazu dienen, Instabilitäten zu verhindern. Dennoch scheint eine Bahngenauigkeit im Submillimeterbereich erreichbar. Diese Überlegungen führen zur zweiten Forschungshypothese:

> Künstliche neuronale Netze sind in der Lage, den Bahnfehler von Industrierobotern, welche auf mobilen Plattformen montiert sind, mit einer mittleren Genauigkeit von mindestens 0,32 mm vorherzusagen. Diese Netze ermöglichen es, den Bahnfehler eines Industrieroboters auf einer mobilen Plattform in den Submillimeterbereich zu senken.

Kapitel 4
Forschungsumgebung

Die Forschungsumgebung dient dazu, die der vorliegenden Arbeit zugrunde liegende Fragestellung zu beantworten. Da die Forschungsumgebung einen großen Einfluss auf die Interpretation und Einordnung der in den folgenden Kapiteln beschriebenen Messergebnisse hat, wird die in Abbildung 1.1 gezeigte Forschungsumgebung im folgenden Kapitel detailliert dargestellt.

Zur Prüfung der ersten Forschungshypothese bedarf es eines Versuchsaufbaus, der es ermöglicht, die Ist-Positionen mit einem Bahnsensor zu messen und zeitgleich die von der Robotersteuerung vorgegebene Soll-Position aufzuzeichnen. Für die Untersuchung der zweiten Hypothese bedarf es darüber hinaus einer Möglichkeit, die inverse Kinematik des Roboters mit einem künstlichen neuronalen Netz zu erweitern. Robotersteuerungen sind in der Regel geschlossene Systeme und erlauben dem Programmierer nur wenige, durch den Hersteller definierte Eingriffsmöglichkeiten. Dies ist grundsätzlich sinnvoll, da es einen sicheren Betrieb des Roboters nach einer kurzen Ausbildungszeit ermöglicht. Für die Forschung stellt dieses Vorgehen eine Herausforderung dar, da umfangreiche Veränderungen in der Robotersteuerung, wie die Erweiterung der inversen Kinematik, nur in Zusammenarbeit mit dem Hersteller möglich sind. Alternativ besteht die Möglichkeit, eine offene Robotersteuerung aufzubauen. Aufgrund des großen Aufwands, der damit einhergeht, beschränkt sich die vorliegende Arbeit auf die vorhandenen Schnittstellen der Robotersteuerung.

Nach einer kurzen Vorstellung des eingesetzten mobilen Roboters erfolgt die Auswahl eines Sensorsystems für die Messung von Roboterbahnen. Zur Aufzeichnung der Soll- und Ist-Bahnen dient eine speicherprogrammierbare Steuerung (SPS), welche den Roboter mit dem Messsystem verbindet. Zusätzlich ermöglicht die SPS den Aufbau einer Bahnregelung über das Roboter-Sensor-Interface (RSI), welches vom Hersteller für Bahnregelungen vorgesehen ist. Zur Modellerweiterung übergibt die SPS der Robotersteuerung als Stellgröße einen vorhergesagten anstelle des gemessenen Bahnfehlers.

M. Neitmann, *Steigerung der Bahngenauigkeit mobiler Industrieroboter durch eine Modellerweiterung mittels künstlicher neuronaler Netze*, Mechanics and Adaptronics,
https://doi.org/10.1007/978-3-662-69561-6_4

4.1 Kuka KMR Quantec KR150 R3300 K prime

Der in der vorliegenden Arbeit verwendete mobile Roboter wurde im Auftrag des Instituts für Adaptronik und Funktionsintegration von der Kuka AG entwickelt. Es handelt sich um einen Quantec KR150 Prime Roboterarm [KUK16b] auf einer modifizierten KoM UTV-2 E575 7000 Plattform [KUK14a, S. 3]. Die mobile Plattform ist in diesem System dazu gedacht, die Reichweite des Roboterarms deutlich zu erhöhen, um größere Bauteile fertigen zu können. Im Gegensatz zu den zwecks Reichweitenerhöhung eingesetzten Schienensystemen führt die mobile Plattform zusätzlich zu einer deutlichen Flexibilisierung der Produktionsumgebung. In der aktuellen Ausbaustufe des Systems verfügen beide Teilsysteme über getrennte Steuerungen und arbeiten weitestgehend autark. Somit sind keine koordinierten, zeitgleichen Bewegungen des Roboterarms und der Plattform möglich.

Bei dem Industrieroboter handelt es sich um eine Baureihe mit hoher Traglast. Er ist besonders steif ausgelegt und zeichnet sich durch eine hohe Bahngenauigkeit aus. Folglich ist der Roboter für alle Anwendungen im Bereich der Faserverbundfertigung geeignet. Der Roboterarm weist eine Traglast von 150 kg, eine maximale Geschwindigkeit von 2 $\frac{\text{m}}{\text{s}}$ und eine Wiederholgenauigkeit nach DIN 9283 von 60 µm auf [KUK15, S. 4.17 ff.]. Abbildung 4.1 zeigt die Maße des Roboters.

Die mobile Plattform besitzt vier Mecanum-Räder und kann sich damit frei in drei Raumfreiheitsgraden auf dem Hallenboden bewegen. Kuka garantiert für Plattformen aus der selben Baureihe Positioniergenauigkeiten von ±5 mm [KUK14a, S. 2]. Um diese Bahngenauigkeit zu erreichen, ist ein externes Messsystem für die Plattform notwendig. In der verwendeten Ausbaustufe lässt sich die Plattform lediglich manuell mit einem Joystick bewegen. Dabei erreicht sie eine Längsgeschwindigkeit von 3 $\frac{\text{km}}{\text{h}}$ und eine Quergeschwindigkeit von 1 $\frac{\text{km}}{\text{h}}$ [KUK14a, S. 2; KUK15, S. 1.12, 1.25 f.].

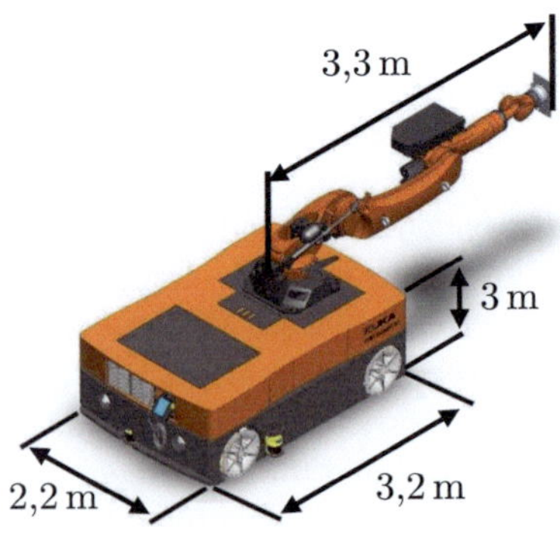

Abb. 4.1 Abmessungen des Roboters

4.2 Auswahl eines geeigneten Bahnsensors

Für die Prüfung der Hypothesen dieser Arbeit sind Sensoren zur Messung der Roboterbahnen erforderlich, um die Bahnabweichungen im Betrieb bestimmen zu können. Um Bahnabweichungen vollständig zu beschreiben, ist eine Bahnmessung in allen sechs Raumfreiheitsgraden notwendig. Schröer leitet in seiner Dissertation her, dass es für Bahnregelungen und Kalibrierungen eines Roboters ausreicht, den translatorischen Bahnfehler zu bestimmen [Sch93, S. 23 ff.]. Wollnack und Beyer nutzen in ihren Arbeiten dieselbe Annahme [Wol01; nach Bey05, S. 45]. Die Orientierung des Endeffektors kann demnach vernachlässigt werden. Schröer geht in seiner Argumentation jedoch von einem Roboter mit starren Gliedern aus. Rösch zeigt in seiner Dissertation, dass die beiden langen Glieder[1] eines Industrieroboters Nachgiebigkeiten in der Größenordnung seiner Gelenksteifigkeiten aufweisen [Rös15, S. 102]. Damit kann Schröers Annahme nur als Näherung gelten. Rösch zeigt, dass neben den Gelenksteifigkeiten auch mindestens Steifigkeiten von zwei Gliedern einen maßgeblichen Einfluss auf den Bahnfehler haben. Da die ausschließliche Betrachtung der Position einen Großteil der relevanten Steifigkeiten beschreiben kann, stellt sie dennoch eine gute Näherung dar. Weil kein Bahnsensor existiert, der sowohl Positionen also auch Orientierungen bestimmen kann, ist es sinnvoll, zunächst nur die Positionen zu betrachten. Für eine Weiterentwicklung der in dieser Arbeit entwickelten Ansätze zur Bahngenauigkeitssteigerung kann es möglich sein, durch die zusätzliche Berücksichtigung der Orientierung, die erreichbare Bahngenauigkeit weiter zu steigern. Die Dissertation von Herrmann liefert wertvolle Hinweise zur gleichzeitigen Messung von Positionen und Orientierungen [Her16].

Die Bahngenauigkeitsuntersuchung orientiert sich an der ISO 9283. Diese definiert, dass der Messfehler maximal 25 % der gemessenen Größe betragen darf [Int98, S. 6]. Da der eingesetzte Roboter laut Hersteller eine Wiederholgenauigkeit von 60 µm aufweist [KUK16a, S. 20], ist also eine Genauigkeit von mindestens 15 µm notwendig.

Um den experimentellen Aufwand zu minimieren, ist es wünschenswert, den gesamten Arbeitsraum des Roboters mit einem Messaufbau vermessen zu können. Der Arbeitsraum beschreibt in etwa eine Kugel von 3,5 m Durchmesser. Mindestens jedoch muss ein Messwürfel mit 1 m Kantenlänge abgedeckt werden, um die ISO 9283 einzuhalten. Da das Messsystem auch die Datenbasis für eine Modellerweiterung des Roboters mit künstlichen neuronalen Netzen bereitstellen soll, ist eine Messfrequenz nötig, die mindestens dem Interpolationstakt des Roboters von 83 Hz entspricht. Für die Bahnregelung ist es möglich, die Daten über die RSI-Schnittstelle mit 250 Hz zu übertragen. Somit sind Messfrequenzen von mindestens 83 Hz notwendig und von 250 Hz wünschenswert. Die Genauigkeitsanforderungen schließen bereits den Einsatz vieler Bahnsensoren, die im Bereich der fahrerlosen Transportsysteme etabliert sind, als nicht geeignet aus. Hierzu zählen:

[1] Glied zwei und drei, von Kuka „Schwinge“ und „Arm“ genannt.

- satellitengestützte Systeme wie GPS, Glosnass, Beidou oder Galileo
- Hallen-GPS, iGPS, μGPS [Sch+10; Spa02]
- IMUs

Es besteht die Möglichkeit, die genannten Sensorsysteme mit Sensorfusionsalgorithmen zu kombinieren, um die geforderten Genauigkeiten zu erreichen. So werden beispielsweise im KFZ-Bereich niederfrequente Odometriemessungen mit hochfrequenten, driftenden Ortsinformationen aus Beschleunigungssensoren kombiniert, um driftfreie, aber dennoch hochfrequente Positionsinformationen zu bestimmen. Gegen diese Ansätze spricht, dass ein solches auf Sensorfusion basierendes Messsystem kalibriert werden muss. Für die Kalibrierung ist ein Messsystem notwendig, welches die beschriebenen Anforderungen erfüllt. Damit bietet die Sensorfusion für die vorliegende Arbeit keinen Mehrwert und wird nicht weiter betrachtet; für eine industrielle Umsetzung der in dieser Arbeit präsentierten Ansätze kann sie jedoch ein sinnvoller Ansatz sein.

Damit kommen zwei Klassen von Messsystemen für die Bahnmessung infrage: 3D-Kameras und Tracking-Interferometer. 3D-Kameras können auf sehr unterschiedlichen Messprinzipien[2] beruhen. Da sie sich jedoch nicht stark in ihren Leistungskennwerten unterscheiden, ist es üblich, sie in einer Sensorklasse zusammenzufassen. Möller führt in seiner Dissertation einen ausführlichen experimentellen Vergleich eines Tracking-Laserinterferometers mit einem Stereokamerasystem durch [Möl19]. Er nutzt einen Roboter, der dem in dieser Arbeit verwendeten Industrieroboter ähnlich ist[3]. Im Ergebnis kann mit der Stereokamera nur leichte Verbesserungen der Positionsgenauigkeit erreicht werden, während die Wiederholgenauigkeit etwas schlechter ausfällt. Durch die Verwendung von Tracking-Laserinterferometern kann der Positionsfehler auf weniger als 15 % des ungeregelten Fehlers reduziert werden. Die geregelte Genauigkeit unterschreitet damit die ungeregelte Wiederholgenauigkeit. Damit stellen Tracking-Interferometer das am besten für diese Arbeit geeignete Messverfahren dar.

4.2.1 Positionsmessungen auf Basis von Tracking-Interferometern

Ein Tracking-Interferometer besteht im einfachsten Fall aus einem Michelson-Interferometer, welches in einer kardanischen Aufhängung mit zwei angetriebenen Achsen drehbar gelagert ist. Die angetriebene kardanische Aufhängung ermöglicht es, den Laser auf einen Retroreflektor auszurichten. Eine segmentierte Fotodiode dient dazu, eine Bewegung des Reflektors zu erkennen und erlaubt die Nachführung des Lasers bei einer Bewegung des Reflektors.

---

[2] Streifenlichtprojektion, Time-of-Flight, Stereovision.

[3] MABI MAX-150 mit 150 kg Nutzlast.

Die Aufgabe des Retroreflektors ist es, unabhängig von dessen Orientierung im Raum das vom Interferometer ausgesendete Licht in dessen Optik zurück zu reflektieren. Für einen Überblick über verschiedene Bauweisen von Retroreflektoren sei auf Takatsuji et al. verwiesen [Tak+99a]. Der Retroreflektor ist an dem Bauteil befestigt, dessen Bahn untersucht wird, und stellt damit den Messpunkt dar. Wenn sich der Reflektor in Richtung des Laserstrahls bewegt, entsteht eine Hell-dunkel-Abfolge auf der Fotodiode des Interferometers. Ein Wechsel von hell über dunkel zu hell entspricht dabei der Distanzänderung um die halbe Wellenlänge des eingesetzten Lasers. In der Regel werden Helium-Neon-Laser eingesetzt und ermöglichen mit einer einfachen digitalen Auswertung der Fotodiode die Erfassung von Positionsänderungen mit einer Auflösung von 316,5 nm. Eine Erweiterung des Interferometers um eine Braggzelle erlaubt eine Bestimmung der Bewegungsrichtung und damit ein vorzeichenrichtiges Zählen der Hell-dunkel-Wechsel. In dieser relativen Messung ist begründet, dass der Laserstrahl während einer Messung nicht unterbrochen werden darf. Unterbrechungen des Laserstrahls können entweder durch Fremdkörper, eine nicht ausreichende Dynamik der Antriebsmotoren oder den Tracking-Regelkreis entstehen.

Mit dem bis hierhin beschriebenen Aufbau ist es möglich, Abstandsänderungen zwischen dem Interferometer und dem Retroreflektor zu bestimmen. Wenn die Ausgangslänge des Interferometerlasers bekannt ist, gibt es zwei Ansätze, um die kartesische Position des Reflektors zu bestimmen. Der verbreitetste Ansatz ist die Triangulation, da für diesen Ansatz nur ein Interferometer notwendig ist. Die Triangulation nutzt sowohl die Winkel der Schwenkantriebe als auch die gemessene Entfernung. Bahnsensoren, die das Triangulationsprinzip nutzen, werden in der Regel als Lasertracker bezeichnet. Zur Bestimmung der Ausgangslaserlänge nutzen Lasertracker zusätzliche Abstandssensoren. Dabei handelt es sich um absolut messende Sensoren, die in der Regel deutlich niederfrequenter messen und eine geringere Auflösung aufweisen. Die eingesetzten Sensoren basieren entweder auf dem Time-of-Fight-Prinzip oder nutzen spezielle, absolut messende Interferometer. Dabei sind die Interferometer in der Regel genauer, jedoch komplexer im Aufbau. Meiners-Hagen et al. geben einen Überblick über verschiedene absolute interferometrische Messprinzipien [Mei+13]. Eine relativ neue Entwicklung sind Kombinationen von absolut und relativ messenden Interferometern. Das von Leica entwickelte Absolutinterferometer (AIFM) basiert auf der Mekometertechnologie [Los+91] in Kombination mit einem Interferometer [Geo08]. Neben der systematischen Abweichung durch etwaige Messfehler bei der Bestimmung der Ausgangslängen stellt die Schwenkeinrichtung die maßgebliche Limitierung für die erreichbare Genauigkeit dar: Zum einen ist die Winkelauflösung von Winkelsensoren limitiert, zum anderen entstehen Fehler durch Fertigungsabweichungen innerhalb der Mechanik [KS07].

Der Einsatz von Lateration zur Bestimmung der kartesichen Position des Reflektors erlaubt deutlich höhere Messgenauigkeiten. Durch die Verwendung von mindestens drei Tracking-Interferometern ist der Verzicht auf Winkelinformationen möglich. Die Lateration wertet lediglich die gemessenen Längen aus. Dieser Ansatz ist insbesondere in großen Messräumen vorteilhaft, da selbst geringe Messfehler in der Bestimmung der Winkel für die Triangulation bei langen Laserlängen zu großen Messfehlern führen können [Gre83]. Nachteilig an der Lateration sind die größere Anzahl der benötigten Interferometer und die aufwendigere Einrichtung. Um das Potenzial der Lateration auszuschöpfen, müssen die Standorte der Interferometer und des Reflektors zu Beginn der Messung sehr genau bekannt sein. Um diese zu bestimmen, kann ein viertes Tracking-Interferometer benutzt werden. Wenn alle Tracking-Interferometer auf einen gemeinsamen Retroreflektor ausgerichtet sind, müssen 16 Unbekannte bestimmt werden, um den Messaufbau vollständig zu beschreiben. Diese setzen sich aus den vier kartesischen Positionen der Laserinterferometer und den vier Ausgangslängen der Laserstrahlen zu Beginn der Messung zusammen. Die Beschreibung des Messaufbaus mit geometrischen Gleichungen erlaubt die Bestimmung der Unbekannten, wenn der Reflektor auf 16 verschiedene Positionen gefahren wird. Wendt et al. beschreiben ein Verfahren, welches auf der Lösung eines überbestimmten Gleichungssystems mittels kleinster Fehlerquadrate basiert [WFH12]. Dieses Verfahren ermöglicht es, eine beliebig größere Anzahl von Punkten zur Bestimmung der Unbekannten zu nutzen und somit die Genauigkeit weiter zu steigern. Interferometrische Laterationssysteme wurden von der Physikalisch-Technische Bundesanstalt zur Produktreife geführt und werden lediglich von Etalon angeboten. Neben dem Einsatz des Laterationsprinzips erreichen sie weitere Genauigkeitssteigerungen durch den Einsatz einer reflektierenden Präzisionskugel, welche Abweichungen, die in der Schwenkmechanik entstehen, vermeidet. Die Geräte werden vom Hersteller Etalon als Lasertracer vermarktet. Weitere Details zum Aufbau der Lasertracer werden in [KS07] beschrieben.

Lee et al. haben eine umfangreiche Marktrecherche durchgeführt und die Genauigkeit verschiedener Lasertracker verglichen [Lee+16]. Ihre Recherche zeigt, dass Lasertracker nicht die geforderte Genauigkeit von 15 µm erreichen. Damit ist der Einsatz von Lasertracern der Firma Etalon im Rahmen der vorliegenden Arbeit notwendig. Aufgrund des Laterationsprinzips ist die Messgenauigkeit der Lasertracer stark von der Positionierung der Lasertracer und des Reflektors abhängig. Eine optimale Konfiguration von drei Lasertracern ist ein gleichseitiges Tetraeder [Tak+99b; nach Tak+99a]. Da das Etalon-System jedoch aus vier Lasertracern besteht, kann die Tetraederform nur zur groben Orientierung dienen. Stattdessen eignen sich Monte-Carlo-Simulationen dazu, geeignete Lasertracer-Positionen zu bestimmen. Diese können für beliebige Positionen der Lasertracer und des Reflektors die zu erwartende Messgenauigkeit bestimmen. Für jede Messaufgabe ist damit eine Bestimmung geeigneter Lasertracer-Standorte notwendig. Eine systematische Suche mit Monte-Carlo-Simulationen zeigt, dass in der Roboterzelle aus Abbildung 1.1 eine Kombination aus einem Roboterstandort und vier Lasertracer-Standorten existiert, die es ermöglicht den Großteil des Arbeitsraums des Roboters mit weniger als 10 µm Genauigkeit zu untersuchen und damit die Genauigkeitsanforderungen der DIN 9283 einzuhalten. Die Genauigkeit der Lasertracer ist als die dreifache Standardabweichung des Messfehlers definiert. Die Standorte sind in Abbildung 4.2 dargestellt. Damit zeigen die Untersuchungen zu möglichen Lasertracer-Standorten, dass Lasertracer für die Untersuchung der Hypothesen dieser Arbeit geeignet sind.

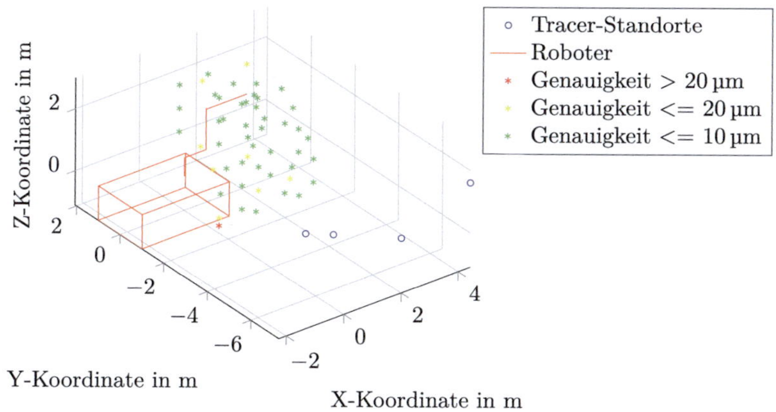

Abb. 4.2 Standorte der Tracer und Genauigkeit an verschiedenen Orten im Arbeitsraum des Roboters in RobRoot-Koordinaten. (Die Genauigkeit ist definiert als dreifache Standardabweichung.)

4.3 Speicherprogrammierbare Steuerung zur Verbindung von Roboter und Messsystem

Wie in der Einleitung des Kapitels beschrieben, dient eine SPS als Bindeglied zwischen Roboter und Lasertracer. Die SPS ist sowohl in der Lage, die Bahn-Sollwerte aus der Robotersteuerung als auch die gemessene Roboterbahn aufzuzeichnen. Damit stellt die SPS ein zentrales Element zur Aufzeichnung der Roboterbahnen dar. Die aufgezeichneten Bahnen sind für die Bahngenauigkeitsuntersuchungen und die Modellerweiterung mit KNN notwendig. Weiterhin kann die SPS über die RSI-Schnittstelle einen Bahnkorrekturvektor zum Roboter übertragen. Dieser Korrekturvektor kann sowohl für eine Bahnregelung als auch für eine Modellerweiterung eingesetzt werden.

Der Roboter und die SPS tauschen über eine Ethercat-Schnittstelle Daten aus. Da die Bandbreite der Schnittstelle begrenzt ist, muss die Datenmenge pro Takt gering gehalten werden. Um die geforderte Übertragungsfrequenz zu erreichen, sendet der Roboter lediglich seine aktuellen Posen-Sollwerte als Soll-Achswinkel an die SPS. Diese beschreiben die Pose des Roboters mit sechs Variablen eindeutig. Kartesische Posen benötigen neben den sechs Raumfreiheitsgraden zusätzliche Informationen, um eindeutig zu sein. Die Motortemperaturen, welche zur Bewertung des thermischen Zustands des Roboters dienen, werden nicht in jedem IPO-Takt übertragen. Für die Temperaturen reicht eine geringere Übertragungsfrequenz, da durch die thermische Masse des Roboters nur langsame Temperaturänderungen zu erwarten sind (siehe Abb. 5.5). Über die RSI-Schnittstelle kann die SPS einen kartesischen Korrekturvektor an den Roboter senden. Auf Basis dieses Vektors passt das RSI-Softwarepaket [KUK10] die Bahn des Roboters in Echtzeit an. Da der SPS auch die Bahnmessungen in Echtzeit vorliegen, ist sie in der Lage, einen Bahnregelkreis zu schließen. Dazu bildet sie die Differenz zwischen Soll- und Ist-Bahn und übergibt diese als Korrekturvektor an die Robotersteuerung. Im weiteren Verlauf der Arbeit dient die RSI-Schnittstelle auch der Modellerweiterung. Dazu übergibt die SPS nicht den gemessenen, sondern einen mit künstlichen neuronalen Netzen vorhergesagten Bahnfehler als Korrekturvektor an die Robotersteuerung. Da in der SPS alle prozessrelevanten Informationen in jedem Zeitschritt zur Verfügung stehen, dient sie zur Aufzeichnung von Bahnmessungen.

Für die Übertragung der Sollwerte des Roboters gibt es zwei Möglichkeiten: Die schnellste Übertragung erlaubt die RSI-Schnittstelle durch eine Datenübertragung mit XML-Dateien, welche über eine UDP-Verbindung mit 250 Hz ausgetauscht werden [KUK16c, S. 12]. Die UDP-Übertragung hat den Nachteil, dass sie nicht für die Übertragung von Echtzeitsignalen entwickelt wurde und es daher zu Übertragungsfehlern kommen kann. Die vorliegende Arbeit zeigt in ihrem weiteren Verlauf (siehe Abschn. 4.3.1), dass eine Tiefpassfilterung mit Grenzfrequenzen unter 7 Hz für die Stabilität des Regelkreises notwendig ist. Daher ist es ausreichend, die Daten über den Ethercat-Bus zu übertragen. Der Einsatz des industriellen Busses garantiert eine fehlerfreie Datenübertragung bei einer ausreichenden Übertragungsgeschwindigkeit. Um die Daten mit der notwendigen Auflösung übertragen zu können, muss der Submitinterpreter eingesetzt werden. Dieser wird mit geringerer Priorität als der Roboterinterpreter ausgeführt und erreicht damit, je nach Programmlänge, nicht jedes Mal seine Soll-Zykluszeit von 12 ms, was etwa 83 Hz entspricht. Daher ist es von großer Wichtigkeit, nur geringe Datenmengen zu übertragen [KUK14b, S. 469]. Der kleinste Datensatz, der die Soll-Pose des Roboters eindeutig beschreibt, sind seine Soll-Achswinkel. Zusätzlich ermöglicht die Übertragung in Soll-Achswinkeln den Einsatz von Gleitkommazahlen mit einfacher Genauigkeit. Mit diesen erreicht eine mit doppelter Genauigkeit berechnete direkte Kinematik die benötigte Auflösung von $<1\,\mu$m.

Der Aufbau einer echtzeitfähigen Schnittstelle zwischen den Lasertracern und einer SPS ist vom Hersteller des Systems nicht vorgesehen und musste daher im Rahmen der vorliegenden Arbeit entwickelt werden. Im Auslieferungszustand sind die Lasertracer einzeln über USB mit einem Steuerrechner verbunden. Der Steuerrechner ermöglicht keine Integration in industrielle, echtzeitfähige Bussysteme. Die Lasertracer verfügen jedoch über einen konfigurierbaren digitalen Inkrementalgeberausgang. Dieser ermöglicht eine echtzeitfähige Verbindung zwischen den Lasertracern und der SPS.

Gute Ergebnisse werden erzielt, wenn der Inkrementalgeberausgang so konfiguriert ist, dass ein Inkrement einer Längenänderung von 1 µm entspricht. Mit dieser Konfiguration ist eine entsprechende Eingangsklemme[4] der SPS in der Lage, den Inkrementalgeberausgang auszuwerten. Da über den Inkrementalgeber nur Längenänderungen der einzelnen Interferometer übertragen werden, erfolgt die Berechnung der Position des Reflektors innerhalb der SPS.

Bahnmessungen mit einem Lasertracer-System beginnen immer mit einer Selbstkalibrierung. Ziel dieser Selbstkalibrierung ist die Bestimmung der Positionen der

[4] Beckhoff EL5101-0010.

Lasertracer im Lasertracer-Koordinatensystem, der Ausgangslängen der Lasertracer und der Koordinatentransformation zwischen dem Roboter- und dem Lasertracer-Koordinatensystem. Im Rahmen der vorliegenden Arbeit wurde zur Selbstkalibrierung die Software des Lasertracerherstellers benutzt. Für die Selbstkalibrierung fährt der Roboter die in Abbildung 4.2 gezeigten Punkte an und steht dort so lange still, bis er ausgeschwungen ist. Im Stillstand speichert das Lasertracer-System die jeweils aktuellen Abstände. Für diese 50 Messpunkte liegen dann die Längenänderungen in Bezug auf den ersten Messpunkt vor. Aus diesen Werten berechnet die Herstellersoftware die Positionen der Lasertracer im Lasertracer-Koordinatensystem, die Ausgangslängen der Laserstrahlen und die Positionen der 50 Punkte im Lasertracer-Koordinatensystem.

Zusätzlich muss eine Methode zur Bestimmung der Koordinatentransformation zwischen dem Roboter-Koordinatensystem und dem Lasertracer-Koordinatensystem gefunden werden. Da für die 50 zur Selbstkalibrierung genutzten Punkte sowohl die Soll-Positionen im Roboter-Koordinatensystem als auch die gemessenen Koordinaten im Lasertracer-Koordinatensystem bekannt sind, kann aus ihnen die Koordinatentransformation zwischen beiden Systemen berechnet werden. Arun stell hierzu eine auf dem Least-Square-Ansatz basierende Methode vor [AHB87]. Hierbei entsteht für die Koordinatentransformation ein systematischer Fehler in der Größenordnung der Positionsgenauigkeit des Roboters. Nach der Berechnung der Selbstkalibrierung der Koordinatentransformation erfolgt die manuelle Übertragung der Ergebnisse auf die SPS. Nach diesem Schritt ist die SPS in der Lage aus den Laserlängen die Position des Reflektors zu bestimmen. Die Koordinatentransformation macht es darüber hinaus möglich, die Sollbahn als auch die Ist-Bahn sowohl im Etalon- als auch im Roboter-Koordinatensystem anzugeben.

Es gibt zwei Ansätze zur Berechnung der Position. Der Ansatz, trigonometrische Gleichungen zu nutzen, ist einfach zu implementieren, wertet aber nur drei Lasertracer aus, was zu geringeren Genauigkeiten führt. Um die bestmögliche Genauigkeit des Messsystems zu gewährleisten, nutzt der in dieser Arbeit verwendete Ansatz alle vier zur Verfügung stehenden Laserlängen. Die Berechnung der Position des Reflektors erfolgt über die Formulierung eines Minimierungsproblems und dessen Lösung durch den Levenberg-Marquardt-Algorithmus [Mor78]. Die SPS arbeitet mit einem IPO-Takt von 1 kHz.

Da alle Daten in der SPS weiterverarbeitet werden, hat die Auswahl eines geeigneten Datentyps einen großen Einfluss auf die erreichte Genauigkeit. Die Laserlängen erreichen in einigen Posen des Roboters Längen von über 10 m. Um in diesen Posen die Laserlänge mit 1 µm Auflösung beschreiben zu können, ist ein Datentyp mit 8 signifikanten Stellen notwendig. Damit sind Gleitkommazahlen mit einfacher Genauigkeit durch ihre 7 signifikanten Stellen nicht ausreichend. Der Einsatz von Gleitkommazahlen mit doppelter Genauigkeit ermöglicht durch deren 15 signifikanten Stellen eine ausreichende Auflösung. Diese Auflösung ist auch für alle weiteren Verarbeitungsschritte notwendig, um den kumulierten Rundungsfehler unter 1 µm zu halten.

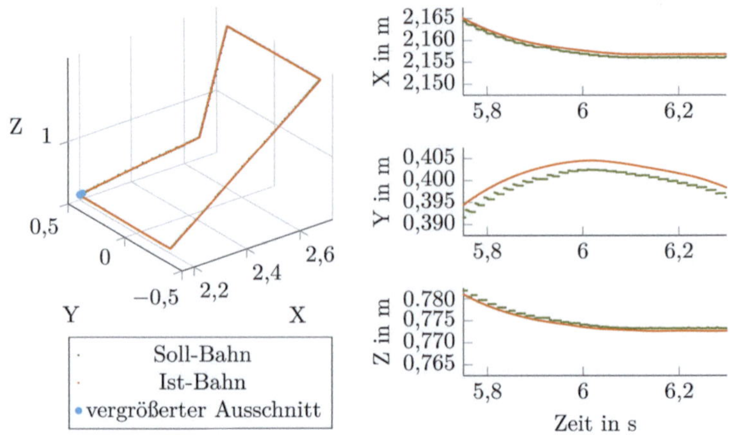

Abb. 4.3 Mit der SPS aufgezeichnete Prüfbahn aus ISO 9283 im Prüfraum vorne oben bei einer Geschwindigkeit von 0,8 $\frac{m}{s}$ (ein Bereich ist vergrößert, um die geringe Frequenz der Sollwerte zu zeigen)

In Abbildung 4.3 zeigt eine exemplarische Bahnmessung mit der SPS. Die Messung belegt, dass der gewählte Aufbau in der Lage ist, die Soll- und die Ist-Bahn des Roboters in Echtzeit aufzuzeichnen.

4.3.1 Aufbau des Bahnregelkreises

Der Aufbau eines Bahnregelkreises ist für die Überprüfung der Hypothesen dieser Arbeit nicht zwangsläufig erforderlich, jedoch ein sinnvoller Zwischenschritt zur Erweiterung des inversen Modells des Roboters. Er erlaubt zusätzlich die Bewertung der Leistungsfähigkeit aller Schnittstellen zwischen Roboter, SPS und Bahnmesssystem. Weiterhin dient der Bahnregelkreis dazu, die Einflüsse des Netzes von den Einflüssen der Schnittstellen und der Systemarchitektur zu unterscheiden.

In Abbildung 4.4 ist der eingesetzte Regelkreis abgebildet. Es handelt sich im Kern um einen Proportionalregler ohne Verstärkung. Limitierungen in der genutzten RSI-Schnittstelle und das Eigenverhalten der Roboterstruktur machen einige Ergänzungen erforderlich. So enthalten die zur SPS übertragenen Soll-Achswinkel die Bahnkorrektur aus dem letzten IPO-Takt. Zur Entfernung der letzten Bahnkorrektur erfolgt zunächst die Berechnung der kartesischen Soll-Pose aus den Soll-Achswinkeln. Von dieser wird anschließend die letzte Bahnkorrektur subtrahiert. Dieser Sollwert dient im Folgenden gemeinsam mit der Bahnmessung der Berechnung der Bahnabweichung und damit der Bahnkorrektur.

Eine direkte Rückführung bedingt die Instabilität des Regelkreises. Ursache der Instabilität ist der Phasensprung innerhalb der Eigenfrequenzen der Roboterstruktur. Aus der Literatur ist bekannt, dass insbesondere Fräsprozesse in der Lage sind, stationäre Roboter in niedrigen Eigenfrequenzen anzuregen [Bau12, S. 50]. Erste Voruntersuchungen zeigen, dass auch ohne eine Anregung durch zusätzliche Prozesskräfte der Regelkreis des mobilen Roboters mit etwa 7 Hz bis 8 Hz aufschwingt. Dies passt zu den ersten beiden Eigenformen des mobilen Roboters. Diese liegen in der Pose vorne oben (siehe Abb. 5.2) bei 8 Hz und bei 9,8 Hz [Lut20]. Da die Eigenfrequenzen posenabhängig sind, ist es plausibel, dass die Instabilität des Regelkreises auf die Eigenfrequenzen der Roboterstruktur zurückzuführen ist. Eine zuverlässige Methode, diese Instabilität zu vermeiden, ist der Einsatz von Tiefpassfiltern mit einer Grenzfrequenz unterhalb der ersten Eigenfrequenz des Systems. Diese Filter senken zwar die Leistungsfähigkeit des Bahnreglers, die verbleibende Leistungsfähigkeit genügt jedoch noch, um die grundlegenden Fragestellungen der vorliegenden Arbeit zu beantworten. Der Regelkreis enthält drei digitale Butterworth-Filter dritter Ordnung mit einer Grenzfrequenz von 5 Hz. Die Grenzfrequenz ist mit großem Abstand zu den Eigenfrequenzen gewählt, da die Bahnmessungen sehr lange dauern und ein instabil werdender Regelkreis zu einem Neustart der Messung führt.

Eine weitere Anpassung des Bahnkorrekturvektors ist notwendig, da der Regelkreis den in den Bahninterpolator integrierten Überlastschutz des Roboters umgeht. Ohne diesen Überlastschutz kann der Korrekturvektor zu einer Überlastung der Achsantriebe führen. In solchen Fällen löst die Robotersteuerung ein Not-Aus aus. Daher muss eine derartige Überlastung im Betrieb durch eine Begrenzung des Bahnkorrekturvektors vermieden werden. Hierzu limitiert der Begrenzer den Bahnkorrekturvektor. Der Begrenzer betrachtet die Einträge des Bahnkorrekturvektors und deren erste drei Ableitungen einzeln. Werden die Grenzwerte dieser Kennwerte überschritten, passt der Begrenzer den Bahnkorrekturvektor an. Da dieser Ansatz nicht auf physikalischen Effekten beruht, können die Grenzwerte nur experimentell mit einer iterativen Suche gefunden werden. Untersuchungen zeigen, dass mit diesem Ansatz ein Not-Aus während des geregelten Betriebs zuverlässig vermieden werden kann. Zugleich führt dieser Ansatz zu Begrenzungen, die nicht notwendig sind. Die geringsten Eingriffe in den Korrekturvektor sind bei einer Begrenzung auf

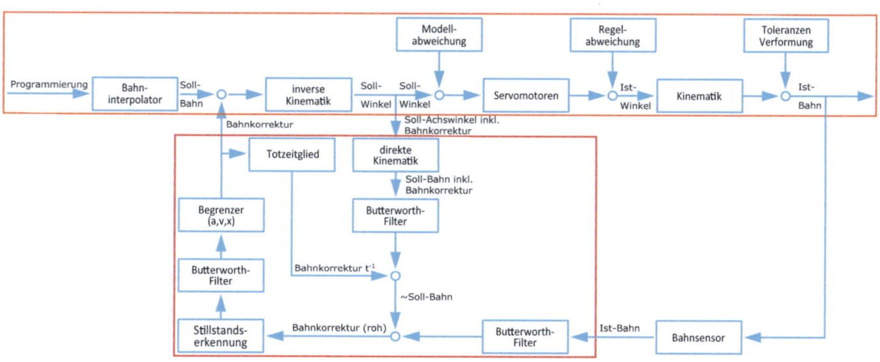

Abb. 4.4 Aufbau der eingesetzten Bahnregelung. (Robotersteuerung in Orange und SPS in Rot gerahmt)

Basis vorhergesagter Motormomente zu erwarten. Da hierfür jedoch Modelle des Roboters notwendig sind und die Eingriffe der kartesischen Begrenzung nur selten auftreten, reicht für die Untersuchung der Hypothesen dieser Arbeit eine kartesische Begrenzung. Für weiterführende Arbeiten und zur Steigerung der Leistungsfähigkeit der vorgestellten Ansätze kann eine Begrenzung auf Basis vorhergesagter Motormomente jedoch sinnvoll sein.

Da die RSI-Schnittstelle beim Stillstand des Roboters die Bahnkorrektur ausschaltet, ist eine weitere Anpassung des Bahnkorrekturvektors notwendig. Wenn der Roboter mit großer Beschleunigung anhält, tritt in den Experimenten regelmäßig der Fall auf, dass sich der Bahnkorrekturvektor im Stillstand des Roboters weiter verändert. Ursache hierfür ist ein Regelverzug. Dieser kann durch die Filter, den Begrenzer oder eine nicht ausreichende Dynamik der Achsantriebe entstehen. Der Regelverzug erzeugt beim Wiedereinschalten der Bahnkorrektur durch den Roboter einen großen Sollwertsprung und überlastet damit die Servoantriebe, was zu einem Not-Aus führt. Um dies zu vermeiden, enthält der Regelkreis eine Stillstandserkennung, die den Stillstand anhand der Bahngeschwindigkeit erkennt und den Bahnkorrekturvektor auf einem konstanten Wert einfriert. Der sich beim Wiederanfahren des Roboters ergebende Sollwertsprung wird durch den Begrenzer und das Filter so weit geglättet, dass die Servoantriebe nicht überlastet werden.

Der Regelkreis ist insbesondere bei niedrigen Bahngeschwindigkeiten in der Lage, die Bahngenauigkeit in die Größenordnung der Bahnwiederholgenauigkeit und die Positionsgenauigkeit in die Größenordnung der Positionswiederholgenauigkeit zu steigern. Bei hohen Geschwindigkeiten erzeugt der Bahnregelkreis nur geringe Genauigkeitszuwächse. Eine detaillierte Untersuchung der Leistungsfähigkeit der Bahnreglung findet in Abschnitt 5.4 statt.

4.3.2 Aufbau der Modellerweiterung mit einem künstlichen neuronalen Netz

Aufbauend auf dem Bahnregelkreis beschreibt der folgende Abschnitt die Entwicklung einer Modellerweiterung des Roboters mit einem KNN. Abbildung 4.5 zeigt, wie die Integration des KNN durch den Austausch des Soll-Ist-Vergleichs des Regelkreises mit einem KNN erfolgt. Dazu sagt das KNN den Bahnfehler auf Basis der Bahn-Sollwerte voraus.

In Abbildung 4.5 sind die Bereiche grün hinterlegt, in denen sich die Modellerweiterung von der Bahnregelung unterscheidet. Alle grün dargestellten Elemente des Blockschaltbildes dienen dazu, den Ausgangsvektor für das Training bereitzustellen. Da das Training offline stattfindet, sind sie während des Betriebs des Roboters nicht notwendig. Die SPS arbeitet SPS mit einer Zykluszeit von 1 ms deutlich schneller als der Roboter mit 12 ms, somit bilden die Positions-Sollwerte in der SPS eine Treppenfunktion (siehe Abb. 4.3). Um dennoch einen stetigen Bahnkorrekturvektor zu erzeugen, müssen die Sollwerte des Roboters geglättet werden. Hierzu können Inter-

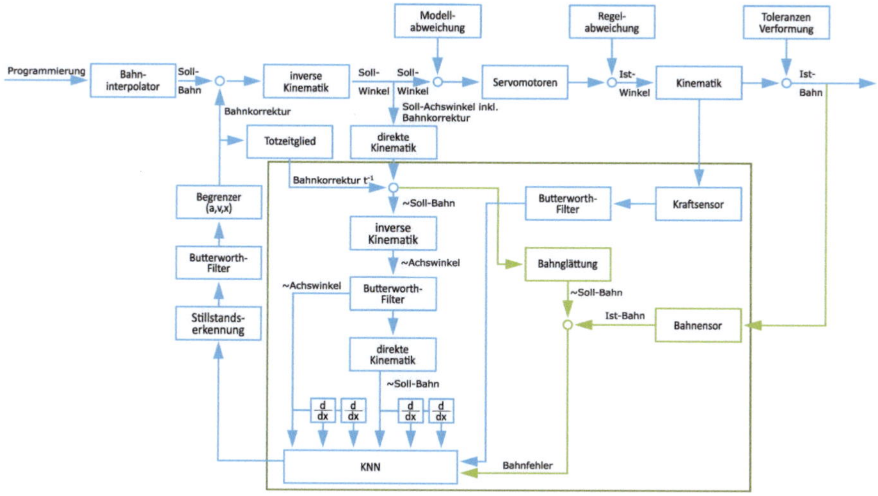

Abb. 4.5 Integration eines KNN in den bestehenden Bahnregelkreis aus Abbildung 4.4 (veränderte Bereiche sind grün gerahmt)

polationen und Filter dienen. Kubische Splines sind für die Interpolationen besonders gut geeignet, da diese auch für die Bahninterpolation in der Robotersteuerung genutzt werden und zweifach stetig differenzierbar sind.

Im Echtzeitbetrieb des neuronalen Netzes ist eine Interpolation zur Glättung der Sollwerte nicht möglich. In Kapitel 6 wird deutlich, dass sowohl Extrapolationen, als Alternative zur Interpolation, als auch Filter dazu geeignet sind, die Bahn-Sollwerte im Echtzeitbetrieb zu glätten. Auch macht das Kapitel deutlich, dass es sinnvoll ist, dem KNN als Eingangsvektor sowohl die Posen in Achswinkeln, kartesischen Koordinaten und als Ableitungen beider Varianten zu übergeben. Um beide Beschreibungen durch die notwendige Glättung gleich zu verändern, darf nur eine Filterung erfolgen. Eine Glättung der kartesischen Sollwerte mit einer anschließenden Berechnung der Soll-Achswinkel mittels inverser Kinematik kann in der Nähe von Singularitäten zu springenden Sollwerten führen und ist daher zu vermeiden. Daher müssen zuerst die Achswinkel geglättet werden und anschließend aus ihnen mit der direkten Kinematik die kartesichen Sollwerte berechnen zu können. Durch die Berechnung der Kinematiken mit Gleitkommazahlen doppelter Genauigkeit ist von einem vernachlässigbarem numerischem Fehler durch die zusätzlichen Berechnungen auszugehen.

Um dem neuronalen Netz zu ermöglichen, Prozesskräfte und unterschiedliche Aktorgewichte zu berücksichtigen, enthält der Aufbau zusätzlich einen sechsachsigen Kraft-und-Moment-Sensor. Da der Sensor über das KNN zu einem geschlossenen Kreis führt, besteht die Gefahr, dass er entweder durch Eigenfrequenzen oder durch Totzeiten zu einem Aufschwingen des Gesamtsystems führt. Um dies zu vermeiden, ist ein zusätzliches Filter vorgesehen.

Eine eingehende Untersuchung der Leistungsfähigkeit der vorgestellten Modellerweiterung mittels KNN findet in Kapitel 6 statt. Dort wird gezeigt, dass der entwickelte Ansatz zur Modellerweiterung über die RSI-Schnittstelle dazu geeignet ist, die Bahngenauigkeit des Roboters zu steigern.

4.4 Zusammenfassung

Dieses Kapitel zeigt die erstmalige Integration von Lasertracern zur Bahnmessung in industrielle Automatisierungssysteme. Der Versuchsaufbau ist in der Lage, die Bahn eines Roboters in einem Großteil seines Arbeitsraums mit einer Genauigkeit von 10 µm zu vermessen. In Kombination mit Schnittstellen zur Robotersteuerung stellt die SPS ein universell einsetzbares Bindeglied zwischen den Lasertracern und der Robotersteuerung dar. Sie erlaubt die Aufzeichnung von Bahnmessungen mit Soll- und Ist-Werten und ermöglicht neben einer Bahnregelung des Roboters auch eine Modellerweiterung mit KNN. Für die Bahnregelung und die Modellerweiterung mit KNN entwickelt das Kapitel Methoden, die minimale Eingriffe in die Robotersteuerung erfordern. Damit stellt der beschriebene Versuchsaufbau eine geeignete Forschungsumgebung zur Prüfung der Hypothesen der vorliegenden Arbeit dar.

Kapitel 5
Bahngenauigkeit mobiler Roboter

Dieses Kapitel dient der Prüfung der ersten Forschungshypothese (siehe Abschn. 3.1). Es bestätigt in seinem Verlauf die Hypothese in ihren Kernaussagen. Hierzu legt es dar, dass sich die Plattform eines mobilen Roboters in erster Linie durch eine herabgesetzte Fundamentsteifigkeit auf die Bahngenauigkeit des Roboterarms auswirkt. Damit hat die Plattform des mobilen Roboters keinen merklichen Einfluss auf den stochastischen Anteil des Bahnfehlers des Industrieroboters. Der systematische Anteil des Bahnfehlers hingegen nimmt durch die Plattform deutlich zu.

Wie in Abschnitt 2.3 gezeigt wurde, existieren in der Literatur keine Bahngenauigkeitsuntersuchungen von mobilen Robotern mit einer Aufteilung in statische und dynamische Effekte. Daher ist für die Prüfung der ersten Forschungshypothese eine Bahngenauigkeitsmessung eines mobilen Roboters notwendig. Um eine Vergleichbarkeit und einfache Nachvollziehbarkeit der Experimente zu gewährleisten, ist die Nutzung von Normen sinnvoll. Allerdings besteht bislang keine Norm zur Prüfung der Bahngenauigkeit von mobilen Robotern. Da die Plattform in allen durchgeführten Experimenten still steht, sind Normen aus der stationären Robotik wie die ISO 9283 oder der inhaltlich identischen DIN 9283 *Industrieroboter–Leistungskenngrößen und zugehörige Prüfmethoden* anwendbar [Int98; Deu98]. Alternativ ist die Nutzung von Normen aus dem Bereich der Werkzeugmaschinen[1] möglich, aber unüblich [Rös15]. Für die Prüfung der ersten Hypothese sind Kennwerte für den stochastischen und den systematischen Anteil des Bahnfehlers notwendig. Weiterhin ist eine Unterscheidung der beiden Anteile für Bahnen und Posen, also im Stillstand und in der Bewegung des Roboters, sinnvoll. Die ISO 9283 beschreibt dazu die Kennwerte Wiederholgenauigkeit (für den stochastischen Anteil des Bahnfehlers) und Genauigkeit (für den systematischen Anteil des Bahnfehlers) [Int98]. Diese Kennwerte kön-

[1] VDI/DGQ 3441, DIN ISO 230-1, VDI/DGQ 3443.

M. Neitmann, *Steigerung der Bahngenauigkeit mobiler Industrieroboter durch eine Modellerweiterung mittels künstlicher neuronaler Netze*, Mechanics and Adaptronics,
https://doi.org/10.1007/978-3-662-69561-6_5

nen sowohl für Posen als auch für Bahnen erhoben werden. Die Posen-Kennwerte ergeben sich maßgeblich aus statischen Effekten, und die Bahnkennwerte enthalten neben den statischen auch dynamische Effekte. Die Positionswiederholgenauigkeit des eingesetzten Roboters wird in seinem Datenblatt angegeben [KUK15, S. 4.17 ff.]. Damit ermöglicht die ISO 9283 einen Vergleich zwischen stationären und mobilen Robotern, ohne einen stationären Roboter untersuchen zu müssen.

Zusammenfassend stellt die ISO 9283 eine gute Basis für die Bahnmessungen der vorliegenden Arbeit dar. Sie enthält Kennwerte, die dazu geeignet sind, die Hypothesen dieser Arbeit zu überprüfen und ermöglicht einen Vergleich mit Kennwerten aus der Literatur. Die ISO muss jedoch an einigen Stellen leicht abgewandelt werden, um den Anforderungen der mobilen Roboter zu genügen.

5.1 Ablauf der Bahnmessungen

Der in Abschnitt 4.3 beschriebene Versuchsaufbau dient der Messung der Kennwerte der ISO 9283. Eine Bahnmessung folgt immer demselben Schema: Sie beginnt mit der Initialisierung der Lasertracer und der Bestimmung der Koordinatentransformationen zwischen dem Messsystem und dem Roboter. Aus der Literatur ist bekannt, dass thermische Effekte Bahnfehler erzeugen können, die zwei Größenordnungen größer sind als die erwartete Posenwiederholgenauigkeit [Grä99, S. 3] (siehe Abschn. 2.5). Daher müssen thermische Effekte minimiert werden, um den gemessenen Bahnfehler eindeutig einzelnen Ursachen zuordnen zu können. Somit muss der Roboter warmgefahren werden, bis ein thermischer Gleichgewichtszustand erreicht ist, bevor die Bahnmessungen beginnen. Der in Abbildung 5.1 dargestellte Prüfendeffektor belastet den Roboter während des gesamten Versuchs. Er enthält neben Gewichten auch den Retroreflektor des Messsystems und einen Kraft-und-Moment-Sensor zur Bestimmung von Schnittlasten zwischen dem Roboterarm und dem Endeffektor.

Die ISO 9283 definiert alle Bahnen zur Prüfung der Bahngenauigkeit in einem Würfel mit einem Volumen von $1\,m^3$. Die Würfel sind entsprechend der Norm so zu positionieren, dass sie im meistgenutzten Bereich des Arbeitsraums des Roboters liegen [Int98, S. 7]. Da für einen mobilen Roboter in einer flexiblen Produktionsumgebung die meistgenutzten Bereiche kaum vorherzusagen sind, dient ein anderer Maßstab zur Bestimmung der Lage der Prüfwürfel. Es ist zu erwarten, dass die Plattform in Längs- und Querrichtung unterschiedliche Steifigkeiten und Trägheiten aufweist. Damit ist ein Unterschied im systematischen Bahnfehler zu erwarten, je nachdem, ob der Roboter vor oder neben der Plattform arbeitet. Die unterschiedlichen Steifigkeiten ergeben sich aus der Steifigkeit des Rahmens und aus dem Fakt, dass die Räder unter dem Roboterarm starr gelagert sind, während die anderen beiden Räder an Schwingen aufgehängt sind (siehe Abb. 5.12). Zur Beobachtung dieses Einflusses sind zunächst zwei Prüfwürfel notwendig, die sich in der Schwerpunktlage des Roboterarms deutlich unterscheiden. Ein Prüfwürfel vor und einer neben der Plattform erfüllen diese Anforderung (siehe Abb. 5.2). Zusätzlich erfordert die

Abb. 5.1 Prüfendeffektor, bestehend aus Kraft-und-Moment-Sensor, Schnellwechsler, Reflektor, Massen und angedeuteten Laserstrahlen der Lasertracer

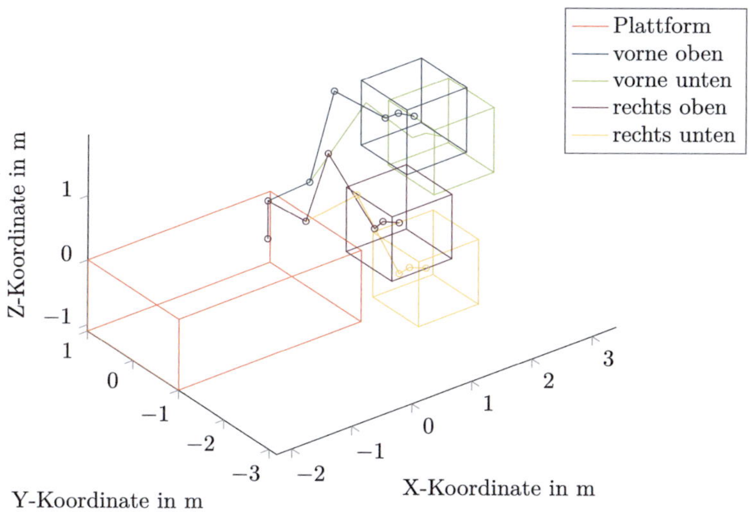

Abb. 5.2 Definierte Prüfwürfel im Arbeitsraum des Roboters im Roboter-Koordinatensystem

spätere Untersuchung der Extrapolationsfähigkeit der eingesetzten neuronalen Netze (siehe Abschn. 6.1.4) zwei weitere Prüfwürfel, die sich mit den ersten beiden Prüfwürfeln überlappen; diese beiden Würfel dienen also lediglich der Prüfung der zweiten Hypothese. Da sich Bahnabweichungen als stetige Funktionen beschreiben lassen [Zho95, S. 96], sind bei den überlappenden Prüfwürfeln nur geringe Unterschiede in den Bahngenauigkeitsuntersuchungen zu erwarten.

Die Prüfwürfel müssen laut DIN parallel zum Basiskoordinatensystem ausgerichtet sein. Daher sind sie allein über ihren Mittelpunkt definiert. Die Definition der Prüfwürfel über ihre Mittelpunkte hat den Vorteil, dass die Prüfbahnen nur einmal in relativen Bahnbeschreibungen definiert werden müssen. Bei der Defi-

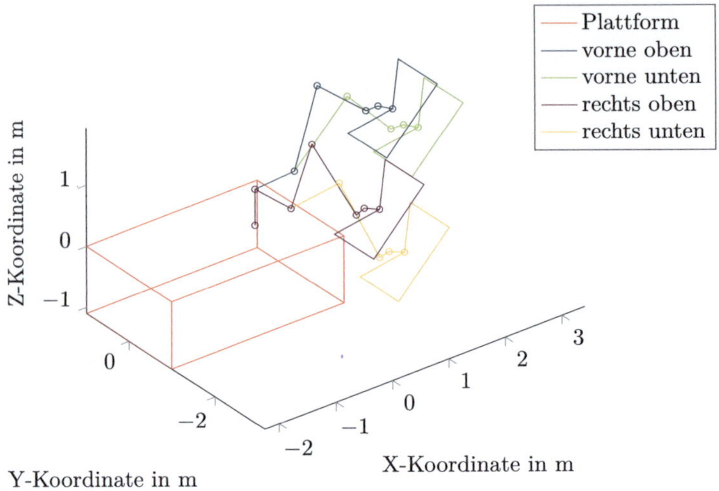

Abb. 5.3 Prüfbahnen für Posen- und Bahnwiederholgenauigkeit sowie Posen- und Bahngenauigkeit nach ISO 9283 [Int98]

nition der Prüfwürfel besteht zunächst das Ziel, eine Vergleichbarkeit zwischen den Bahnen vor und rechts von der Plattform zu ermöglichen. Dazu erfolgt zuerst die Definition der Achswinkeln für die Achsen zwei und drei. Diese sind so definiert, dass der Roboter annähernd in seine halbe Reichweite gestreckt ist und sich zwei überlappende Würfel ergeben. Anschließend erfolgt die Definition von zwei Winkeln für die erste Achse, um den Roboter nach vorne und zur Seite auszurichten. Die Handachsen sind in jedem Prüfwürfel so ausgerichtet, dass der Retroreflektor zum Mittelpunkt des Bahnmesssystems zeigt. Basierend auf dieser Ausgangspose dient eine iterative Suche der Definition von Prüfwürfeln, in denen keine Singularitäten auftreten und möglichst große Orientierungsänderungen des Endeffektors möglich sind. Bei dieser Suche ist insbesondere die Singularität bei gestreckten Handachsen (siehe [PD19, S. 30]) häufig aufgetreten. Tabelle 5.1 zeigt das Ergebnis der beschriebenen Suche. Abbildung 5.3 zeigt die in der ISO 9283 definierten Prüfbahnen für die vier Prüfwürfel. Die gezeigten Bahnen werden sowohl in kontinuierlichen Bewegungen als auch mit Stopps in den Ecken der Bahnen abgefahren.

Tab. 5.1 Posen für die Prüfung der Bahngenauigkeiten

Pose	Achse 1	Achse 2	Achse 3	Achse 4	Achse 5	Achse 6
vorne oben	−5	−70	110	−8,25	−40,63	4,33
vorne unten	−5	−40	86	−11,67	−46,60	8,08
rechts oben	85	−70	110	100,38	−103,39	−58,23
rechts unten	85	−40	86	96,36	−96,11	−43,66

5.2 Vermeidung thermischer Effekte auf die Bahngenauigkeit während der Bahnmessungen

Bei flexibel eingesetzter mobiler Robotik ist im Betrieb kein thermischer Gleichgewichtszustand zu erwarten. Es ist dennoch sinnvoll, für die Genauigkeitsunter suchungen einen solchen Zustand herzustellen. Gräser zeigt, dass thermische Effekte Bahnfehler erzeugen können, die zwei Größenordnungen größer als die erwartete Posenwiederholgenauigkeit sind [Grä99, S. 3] (siehe Abschn. 2.5). Damit ist eine Identifizierung der Wiederholgenauigkeit nur in einem solchen Gleichgewichtszustand möglich, da die thermische Drift die sie ansonsten überlagert.

Für ein gleichmäßiges und vor allem vergleichbares Warmfahren schreibt die Norm vor, dass der Roboter während des Warmfahrens mindestens 70 % seiner Achswinkel durchfährt. Eine iterative Suche ist in der Lage, eine Bahn zu finden, welche diese Anforderungen erfüllt und zusätzlich ohne Strahlunterbrechung vom Bahnsensor messbar ist. Diese Bahn beginnt und endet in der gleichen Pose und kann daher in einer Endlosschleife ausgeführt werden. Das Durchfahren dieser Bahn dauert etwa 70 s und wird für das Warmfahren so lange wiederholt, bis eine Abbruchbedingung erfüllt ist. Die ISO 9283 schlägt vor, dass das Warmfahren entweder nach 8 h beendet wird oder sobald ein Gleichgewichtszustand erreicht ist. Hierzu muss die Änderungsrate der thermisch erzeugten kartesischen Drift unter 10 % ihrer maximalen Änderungsrate liegen. Der folgende Abschnitt zeigt, dass keine der beiden Abbruchbedingungen geeignet ist, die Dauer des Warmfahrens des Roboters zu bestimmen.

Abbildung 5.4 zeigt die Drift der Start-Positionen der Warmfahrbahn über 200 Zyklen, die etwa 4 h entsprechen. Hierzu ist der Unterschied zwischen der aktuellen Endposition und der ersten Endposition aufgetragen. Die Mecanum-Räder der Plattform weisen ein unrundes Profil auf. Sie bestehen aus mehreren, unter 45° angeordneten Rollen. Diese erzeugen die große Bewegung der Plattform zu Beginn der

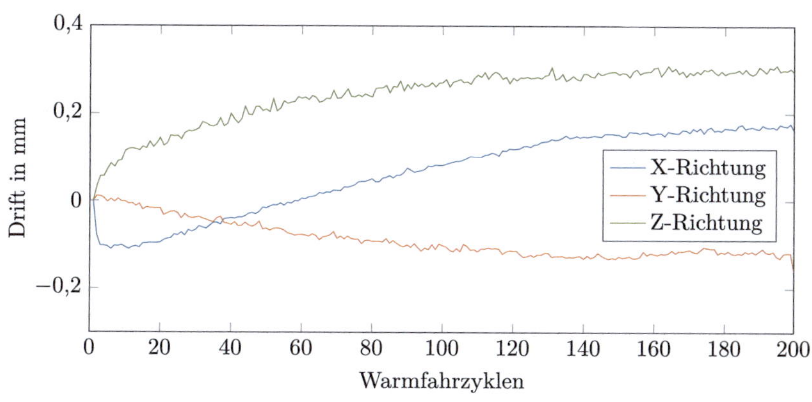

Abb. 5.4 Drift der Endposition des Warmfahrprogramms im Verlauf der Programmzyklen in Roboter-Koordinaten

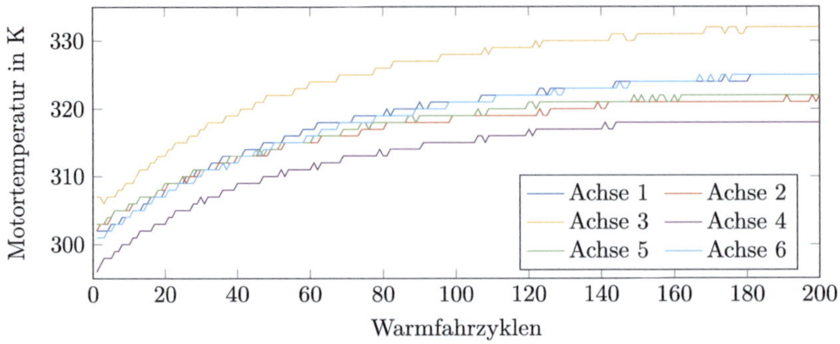

Abb. 5.5 Motortemperaturen im Verlauf der Warmfahrzyklen

Messung, indem sie sich so ausrichten, dass eine flache Seite zum Boden zeigt. Dabei bewegt sich die Plattform leicht nach hinten und verändert auch die Höhe des Endeffektors.

Der Roboter erreicht während der gesamten Messung nicht die Abbruchbedingung der Norm. Bei etwa 140 Zyklen ist jedoch ein leichter Knick in den Kurven zu erkennen. Dieser ist in X-Richtung am ausgeprägtesten. Da bei thermischen Effekten eine asymptotische Annäherung an den Gleichgewichtszustand zu erwarten ist, ist der Knick ein Indiz für weitere, nichtthermische Effekte, die die thermischen Effekte überlagern. Die in Abbildung 5.5 aufgetragenen Achstemperaturen aus demselben Experiment zeigen deutlich die erwartete asymptotische Annäherung an die Gleichgewichtstemperaturen. Auf die Achstemperaturen angewendet, wird die Abbruchbedingung bei 140 Zyklen erreicht, und ab 180 Zyklen bleiben die Achstemperaturen konstant. Die geringe Fluktuation in der Temperatur von Achse 2 ist auf die Übertragung der Achstemperaturen vom Roboter auf die SPS als ganze Zahl zurückzuführen.

Für die verbleibende Drift sind verschiedene Ursachen möglich: So können die Temperatursensoren in einer Weise positioniert sein, dass sie für die Motoren und Getriebe nichtrepräsentative Temperaturen messen. Dies ist jedoch eher unwahrscheinlich. Eine weitere Möglichkeit stellen sich verändernde Umgebungsbedingungen dar. So können Änderungen der Umgebungstemperatur die Stative der Lasertracer in ihren Maßen beeinflussen. Weiterhin haben eine Vielzahl von Umweltfaktoren einen Einfluss auf die Lichtwellenlänge und damit auf die Längenmessungen des Messsystems. Meinershagen stellt in seiner Dissertation eine Übersicht der Einflussfaktoren auf die Wellenlänge L von stabilisierten Helium-Neon-Lasern zusammen (siehe Tab. 5.2). Die Veränderung der Lichtwellenlänge ΔL ist proportional zur Änderung der gemessenen Länge und ergibt sich wie folgt:

$$\Delta L = \Delta n * L$$

Diese Effekte sind zwar, insbesondere in einer nichtklimatisierten Halle, nicht komplett zu vernachlässigen, liegen aber in ihrer erwarteten Größe unter der

Tab. 5.2 Einfluss der Umgebung auf die Lichtwellenlänge [MPA10]

Einflussparameter	Änderung	Effekt
Temperatur	$\Delta t = +1°K$	$\Delta n = -1 * 10^{-6}$
Druck	$\Delta \rho = +1hPa$	$\Delta n = +2,7 * 10^{-7}$
relative Feuchte	$\Delta RH = +1\,\%$	$\Delta n = +1 * 10^{-8}$
CO_2-Gehalt	$\Delta x = +1ppm$	$\Delta n = +1,5 * 10^{-10}$

beobachteten verbleibenden Drift. Damit bleiben zwei plausible Ursachen: Einerseits besteht die Möglichkeit, dass die Drift durch ein Verzählen der Auswerteeinheiten der Laser-Interferometer entsteht und damit einen Messfehler darstellt. Da das Messsystem weit unter seiner maximalen Geschwindigkeit genutzt wird, ist dies jedoch unwahrscheinlich. Weiterhin ist es möglich, dass sich die Plattform relativ zum Messsystem bewegt. Dies kann geschehen, wenn der Roboter in verschiedenen Raumrichtungen unterschiedlich stark beschleunigt und damit in die verschiedenen Raumrichtungen unterschiedliche Trägheitskräfte erzeugt. Wenn diese Kräfte die Haftreibung in nur einer Richtung übersteigen, kann eine Bewegung der Plattform durch den Roboterarm erzeugt werden.

Zur Identifikation der Ursache der Drift dient das in Abbildung 5.6 dargestellte Experiment. Dabei messen am Hallenboden befestigte Lasertriangulatoren die Drift der Reifen auf dem Hallenboden. Ziel der Messung ist es, zunächst den Effekt zu bestätigen, nicht zwangsläufig zu quantifizieren. Daher reicht die Genauigkeit der Lasertriangulatoren aus. Abbildung 5.7 zeigt die Drift der Plattform im Koordinatensystem aus Abbildung 5.6. Die Rotation der Plattform ist nicht dargestellt, da diese so gering ist, dass sie sich nicht vom Messrauschen unterscheidet. Die Messungen finden parallel zu den Messungen aus Abbildung 5.4 statt. Daher ist ein Vergleich der Abbildungen 5.4 und 5.7 möglich. Zunächst fällt auf, dass die starke Bewegung zu Beginn der Messung in beiden Diagrammen vorhanden ist, sich jedoch in ihrer Größe unterscheidet. Dies ist plausibel, da durch die thermischen Effekte im Roboterarm insbesondere bei den ersten Warmfahrbahnen eine große Drift zu erwarten ist. Im weiteren Verlauf der Messung ist in beiden Diagrammen eine verbleibende

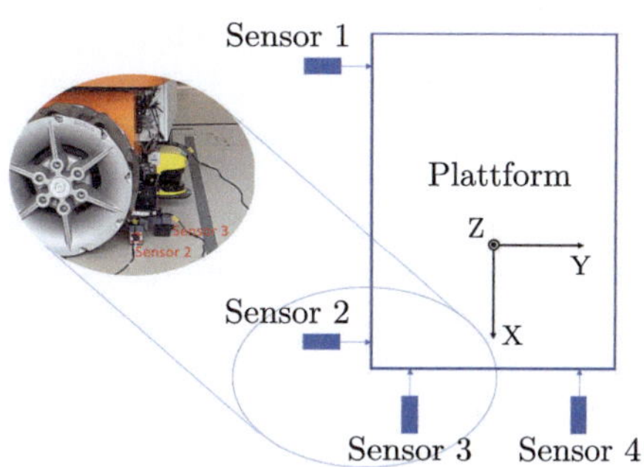

Abb. 5.6 Versuchsaufbau zur Vermessung der Drift der Plattform [Buc20]

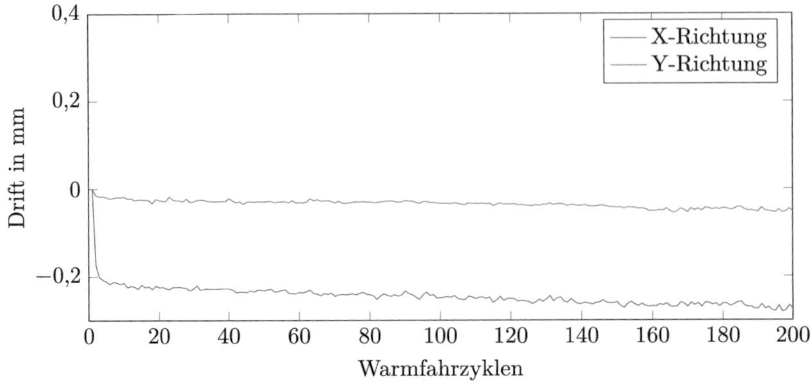

Abb. 5.7 Drift der Plattform im Verlauf der Programmzyklen, gemessen mit Lasertriangulatoren

Drift zu erkennen. Damit bestätigt die Messung der Plattformdrift sowohl die starke Anfangsdrift durch das Ausrichten der Mecanum-Räder als auch eine konstante Drift der Plattform durch das Rutschen der Räder auf dem Boden, welche beide noch nicht in der Literatur beschrieben wurden.

Eine Subtraktion der mit den Lasertriangulatoren gemessenen von der mit den Lasertracern gemessenen Drift liefert aufgrund der nicht ausreichenden Genauigkeit des Messaufbaus mit den Lasertriangulatoren keine aussagekräftigen Ergebnisse. Dennoch zeigt insbesondere der Verlauf der Motortemperaturen in Abbildung 5.5, dass ab 140 Warmfahrzyklen keine wesentlichen thermischen Effekte mehr auftreten. Es muss allerdings berücksichtigt werden, dass die Prüfbahnen im Verlauf eines Messtags zu neuen Gleichgewichtszuständen führen. Diese ergeben sich sowohl aus Abkühlphasen, die durch das Zwischenspeichern der Messungen entstehen, als auch aus der sich verändernden Belastung der Antriebe durch die unterschiedlichen Prüfbahnen. Abbildung 5.8 zeigt den Temperaturverlauf über einen Messtag. Dieser beginnt mit dem Warmfahren bis Minute 244. Daraufhin erfolgt die Initialisierung des Bahnmesssystems bis Minute 301. Auf die Initialisierung folgt die Bahnmessung in den Prüfwürfeln vorne oben und rechts oben. Dazu fährt der Roboter zunächst im Prüfwürfel vorne oben die Prüfbahnen mit und ohne Stopps in den Ecken ab und wiederholt dies 30-mal. Anschließend fährt der Roboter im Prüfraum rechts oben alle Prüfbahnen in gleicher Weise ab. Dieses Vorgehen wird im Weiteren als sequenzielle Bahnmessung beschrieben. Ein Absinken der Achstemperaturen nach dem Warmfahren ist plausibel, da die Warmfahrbahnen so ausgelegt sind, dass sie für die Antriebe sehr fordernd sind und damit zu höheren Achstemperaturen führen als Prüfbahnen mit wiederkehrenden Stopps. Ab Minute 432 schwenkt der Roboter vom Prüfraum vorne oben zu rechts oben. Ab diesem Zeitpunkt ist eine deutliche Temperatursteigerung von Achse 4 durch die neu angeordneten Handachsen zu erkennen. Diese Temperaturänderung ist zu groß, als dass sie durch eine Veränderung der Umgebungstemperatur erklärbar wäre. Damit zeigen die Versuche, dass nicht nur die Bahnen, sondern auch deren Lage im Arbeitsraum des Roboters einen Einfluss auf die sich einstellenden Achstemperaturen haben.

Abbildung 5.8 zeigt damit deutlich, dass durch ein einmaliges Warmfahren zu Beginn der Messung kein gleichbleibender thermischer Gleichgewichtszustand erreicht werden kann. Ein wiederholtes Warmfahren zwischen den Prüfbahnen stellt eine Möglichkeit dar, die Veränderung der Temperaturen während der Prüfbahn zu verringern, führt aber zu deutlich längeren Messungen und dadurch auch zu einer Vergrößerung der Drift durch das Rutschen der Räder auf dem Hallenboden. Ferner steigt mit längeren Messdauern der Einfluss von Veränderungen der Umweltbedingungen. Eine bessere Alternative stellt das Mischen der Prüfbahnen und ein früherer Abbruch des Warmfahrens dar. Abbildung 5.9 zeigt eine solche Messung mit gemischten Bahnen. Diese Messung beginnt mit 140 Warmfahrzyklen und der Initialisierung. Daraufhin beginnen die Prüfbahnen mit jeweils einer Prüfbahn mit und ohne

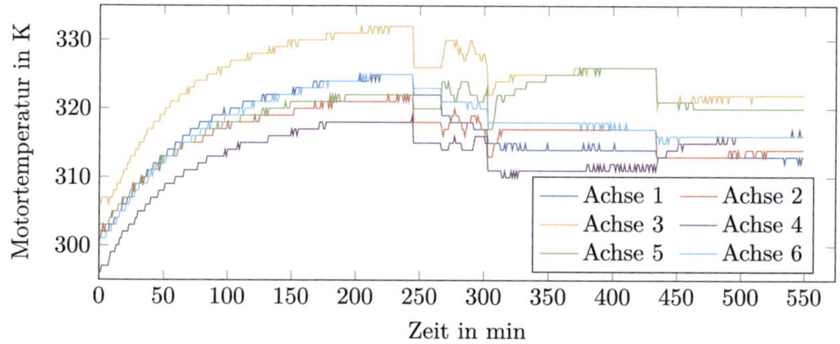

Abb. 5.8 Verlauf der Motortemperaturen während eines Messtags mit sequenziellen Bahnen, bestehend aus Warmfahren, Initialisierung des Bahnmesssystems, Prüfbahnen vorne oben und rechts oben. (Die Sprünge in den Temperaturen entstehen durch das Speichern, welches in der Zeitachse nicht erfasst ist.)

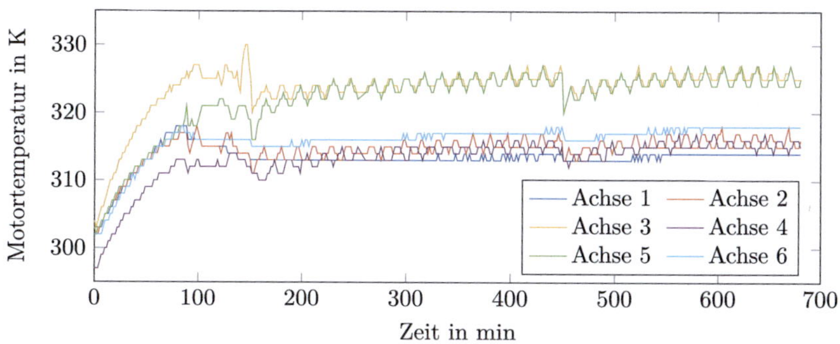

Abb. 5.9 Verlauf der Motortemperaturen während eines Messtags mit gemischten Bahnen, bestehend aus Warmfahren, Initialisierung des Bahnmesssystems, Prüfbahnen vorne oben und rechts oben. (Die Sprünge in den Temperaturen entstehen durch das Speichern, welches in der Zeitachse nicht erfasst ist.)

Stopp in allen drei Geschwindigkeitsstufen im Prüfraum vorne oben. Anschließend werden die gleichen Prüfbahnen im Prüfraum rechts oben abgefahren. Daraufhin fährt der Roboter wieder zum Prüfraum vorne oben. Diese Abfolge wiederholt sich 30-mal. Aufgrund der Zeitersparnis durch die reduzierte Anzahl der Warmfahrbahnen werden die Prüfbahnen um Kreisbahnen erweitert. Diese werden im Rahmen der vorliegenden Arbeit nicht ausgewertet.

Abbildung 5.9 zeigt deutlich, dass ein Mischen der Bahnen zu geringeren Temperaturschwankungen im Verlauf eines Messtags führt. Es ist jedoch fraglich, ob dies tatsächlich Vorteile für die Bestimmung der Bahnkennwerte bietet. Ohne die starke Anfangsdrift durch das Ausrichten der Mecanum-Räder beträgt die Drift während des Warmfahrens etwa $9{,}7\,\frac{\mu m}{K}$. Während der Warmfahrzyklen erhöht sich die mittlere Achstemperatur um 22 K, bei einer Gesamtdrift mit einer euklidischen Norm von 213 µm (siehe Abb. 5.4 und 5.5). Damit sind die thermische Drift und die Drift der Räder auf dem Hallenboden, deren euklidischen Norm im selben Betrachtungszeitraum 70 µm beträgt, nur schwer in den Daten zu unterscheiden (siehe Abb. 5.4 und 5.7). Da sich die Gradienten der thermischen Drift und der Drift der Räder auf dem Hallenboden für die X-Koordinate zusätzlich noch in ihrem Vorzeichen unterscheiden, lassen die betrachteten Daten keine klare Aussage darüber zu, welche Drift über die Dauer eines Messtags den größeren Einfluss hat. Damit ist nicht eindeutig geklärt, welche Warmfahrmethode zu bevorzugen ist. Abschnitt 5.3.1 erörtert die unterschiedlichen Auswirkungen beider Warmfahrmethoden anhand von Positionsgenauigkeitsmessungen.

5.3 Prüfung der ersten Forschungshypothese: Einfluss der Plattform auf die Genauigkeit des Roboterarms

Die erste Forschungshypothese gliedert sich in vier Teilaspekte (siehe Tab. 5.3). Die Hypothese besagt, dass die Plattform einen negativen Einfluss auf die Genauigkeit und keinen Einfluss auf die Wiederholgenauigkeit des Roboterarms hat. Besagter Einfluss wirkt sich sowohl auf die statischen Positionen als auch auf die Bahnen aus. Der folgende Abschnitt gliedert sich in Positions- und Bahngenauigkeitsmessungen des mobilen Roboters. Diese Messungen bestätigen die Hypothese in ihrer Kernaussage. Sie zeigen jedoch auch, dass Effekte auftreten, die in der Formulierung der Hypothese nicht berücksichtigt wurden und deren Gültigkeit einschränken.

Tab. 5.3 Einfluss der Plattform auf die Genauigkeitskennwerte eines Roboterarms im Vergleich zu einer stationären Montage

	Wiederholgenauigkeit	Genauigkeit
Position	gleich	schlechter
Bahn	gleich	schlechter

5.3.1 Einfluss der Plattform auf die Positionsgenauigkeit des Industrieroboters

Die Prüfung der ersten Forschungshypothese beginnt mit der Untersuchung des Einflusses der Plattform auf die Positionskennwerte. Die Reihenfolge der Prüfbahnen hat einen Einfluss auf die Auswirkung der Drift, die durch das Rutschen der Räder auf dem Hallenboden erzeugt wird, auf die ermittelten Kennwerte. Daher liegt ein besonderer Fokus des Abschnittes auf dem Einfluss der sequenziellen und der gemischten Bahnen auf die ermittelte Positionsgenauigkeit.

Kennwerte von Robotern unterliegen einer gewissen statistischen Streuung. Um diese quantifizieren zu können, sind statistische Untersuchungen mit mehreren Robotern desselben Typs notwendig. Da dies jedoch zu einem enormen experimentellen Aufwand führt und die zugrunde liegenden Effekte auch ohne statistische Aussagen identifizierbar sind, ist eine statistische Auswertung im Rahmen der vorliegenden Arbeit nicht zwingend notwendig.

Abbildung 5.10 zeigt die Positionsgenauigkeit in den beiden Prüfräumen „vorne oben" und „rechts oben" aus den sequenziellen Messungen. Die Positionen P1 bis P5 sind die Eckpunkte der Prüfbahnen mit Stillstand. Die Positionsgenauigkeit ist definiert als die „Differenz zwischen der Position einer Soll-Pose und dem Schwerpunkt der [30] Ist-Positionen" [Deu98]. Bei einer Geschwindigkeit von $0,2\ \frac{\mathrm{m}}{\mathrm{s}}$ beträgt die Positionswiederholgenauigkeit im Durchschnitt 42 µm und im Maximum 53 µm. Damit liegt sie leicht unter der im Datenblatt angegebenen Wiederholgenauigkeit von 60 µm. Es gibt in der Literatur keine Untersuchungen zur Streuung der Positionswiederholgenauigkeit zwischen verschiedenen Robotern derselben Bauart. Daher kann nicht abschließend bewertet werden, ob die gemessenen Positionswiederholgenauigkeiten im Bereich einer üblichen Streuung liegen. Da die gemessenen Positionswiederholgenauigkeiten leicht unter dem im Datenblatt angegebenem Wert liegen, ist davon auszugehen, dass die Plattform keinen großen negativen Einfluss auf die Posi-

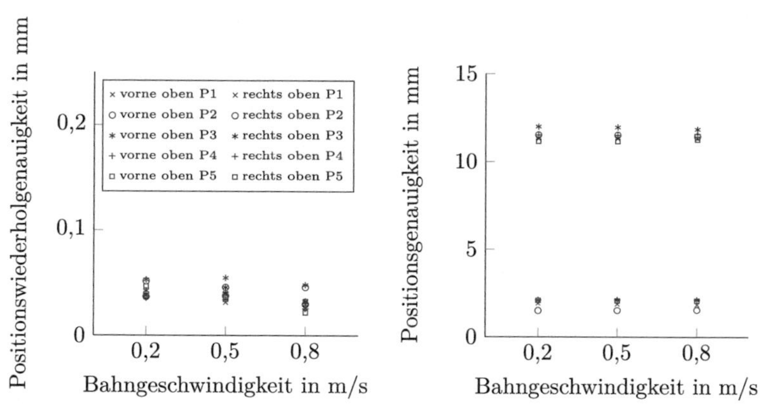

Abb. 5.10 Positionskennwerte nach ISO 9283 bei sequenziellen Bahnen

tionswiederholgenauigkeit hat, sofern thermische Effekte die Messungen nicht verfälschen.

Abbildung 5.8 zeigt im Bereich zwischen Minute 305 und Minute 430 die Temperaturänderungen der Antriebe für die insgesamt 180 Prüfbahnen im Prüfwürfel vorne oben. In diesem Zeitraum steigt die mittlere Temperatur der Roboterantriebe um 2,7 K. Mit der Drift während des Warmfahrens von 9,7 $\frac{\mu m}{K}$ ergibt sich für die 30 Bahnen, welche zur Bestimmung der Positionswiederholgenauigkeit notwendig sind, eine überschlägige thermische Drift von 4,4 µm. Diese hat also keinen merklichen Einfluss auf die Positionskennwerte. Damit ist belegt, dass die mobile Plattform keinen merklichen Einfluss auf die Positionswiederholgenauigkeit des Roboterarms hat, was einen Teil der ersten Forschungshypothese bestätigt.

Abbildung 5.10 zeigt, dass auch die Geschwindigkeit keinen Einfluss auf die erzielten Genauigkeiten hat. Dies ist plausibel, da die Positionen im Stillstand erfasst werden und der Bahnfehler in diesem Zustand nur durch quasistatische Effekte und die Regelgüte der Antriebe beeinflusst wird.

Hinsichtlich der Positionsgenauigkeit bestehen deutliche Unterschiede zwischen den Prüfwürfeln vor und neben dem Roboter. Die Positionsgenauigkeiten vor der Plattform entsprechen in ihrer Größenordnung der Genauigkeit von ähnlichen stationären Robotern [Rös15, S. 15]. Seitlich jedoch ist die Genauigkeit deutlich schlechter. Eine elastische Verformung des Roboters als Ursache ist nicht plausibel, da die Achsen 2 und 3 in beiden Fällen den gleichen Winkel aufweisen und der Grundrahmen des Roboters annähernd rotationssymmetrisch aufgebaut ist. Die Unterschiede in den Handachswinkeln des Roboters genügen nicht, um die großen Unterschiede zwischen den beiden Ausrichtungen zu erklären. Weiterhin ist die Streuung der Positionsgenauigkeit in beiden Ausrichtungen gleich. Damit ist eine Bewegung oder elastische Verformung der Plattform wahrscheinlich.

Abbildung 5.11 zeigt, dass der Bahnfehler in positiver X-, positiver Y- und positiver Z-Richtung zunimmt und dabei in seiner Verteilung gleich bleibt, wobei die Zunahme des Bahnfehlers in X-Richtung um etwa 12 mm die Veränderung dominiert. Eine mögliche Ursache für diese Bewegung ist ein Kippen der Plattform um deren ungefederte Vorderachse und ein Ein- bzw. Ausfedern der schwingengelagerten Hinterachse (siehe Abb. 5.12). Ein weiterer Erklärungsansatz ist eine elastische

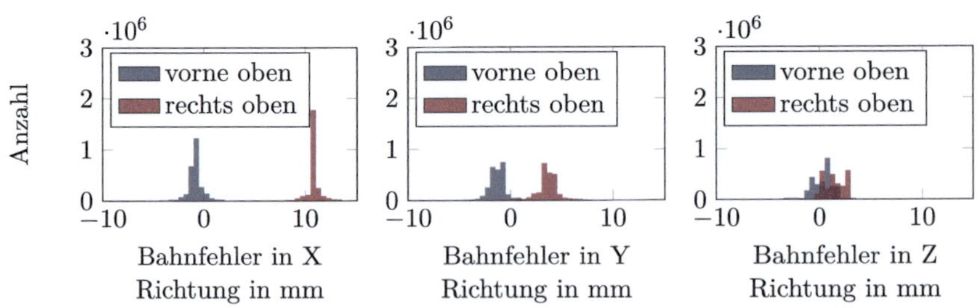

Abb. 5.11 Histogramm des Bahnfehlers während der Prüfbahnen für die Arbeitsräume „vorne oben“ und „rechts oben“ aus den sequenziellen Bahnen

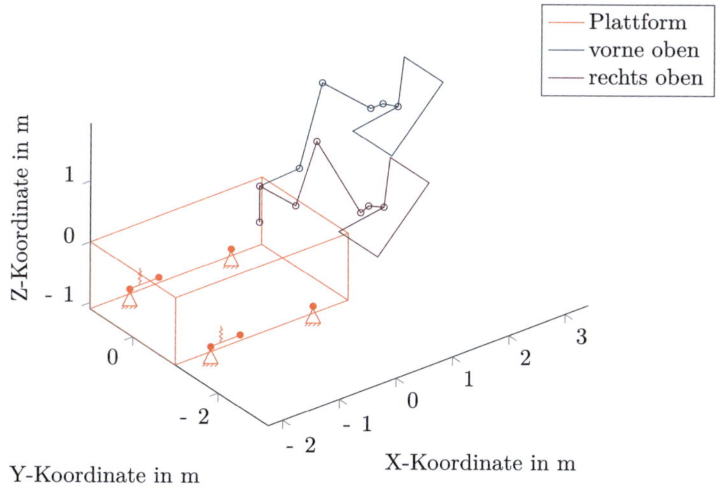

Abb. 5.12 Beschreibung des Fahrwerks des mobilen Roboters mit starrer Einzelradaufhängung unter dem Industrieroboter und schwingengelagerter Einzelradaufhängung an der Hinterachse

Verformung des Plattformrahmens aufgrund der veränderten Belastung durch den Roboterarm oder eine Überlagerung beider Effekte. Eine genaue Identifikation der auftretenden Effekte ist für die Untersuchung der ersten Forschungshypothese nicht notwendig, da beide Effekte Wirkungen der Steifigkeit der Plattform sind.

Die in Abbildung 4.2 gezeigten Punkte dienen der Berechnung der Koordinatentransformation zwischen dem Bahnsensor und dem Roboter. Ein Großteil dieser Punkte liegt vor der Plattform. Damit ist davon auszugehen, dass die Koordinatentransformation den Zustand der Plattform mit nach vorne ausgerichtetem Roboter beschreibt. Diese Annahme stützt sich auch darauf, dass Versuche mit vergleichbaren stationären Robotern eine Positionsgenauigkeit in der gleichen Größenordnung zeigen [Rös15, S. 15; Möl19, S. 103].

Die Messungen zeigen damit deutlich, dass sich die Positionsgenauigkeiten des Roboters vor und neben der Plattform erkennbar unterscheiden. Da die Ursache dieses Unterschieds in der Richtungsabhängigkeit der Steifigkeit der mobilen Plattform liegt, ist damit die erste Forschungshypothese in Bezug auf die Positionsgenauigkeit bestätigt. Somit kann eindeutig gezeigt werden, dass die Plattform einen negativen Einfluss auf die Positionsgenauigkeit des Roboters hat.

Der Einsatz gemischter Bahnen zeigt ein leicht anderes Bild (siehe Abb. 5.13): Die Positionswiederholgenauigkeiten sind deutlich größer und weisen eine größere Streuung auf. Ihr Mittelwert liegt bei einer Geschwindigkeit von $0{,}2\,\frac{\mathrm{m}}{\mathrm{s}}$ bei 190 µm und ihr Maximum bei 225 µm. Damit sind sie um etwa 150 µm, also um annähernd den Faktor vier größer als die Kennwerte aus den sequenziellen Messungen. Die Positionsgenauigkeit verändert sich hingegen nicht merklich.

Bei den gemischten Bahnen werden die 30 Punkte, die für jede Berechnung notwendig sind, über den gesamten Messtag verteilt aufgenommen. Daher ist zu ver-

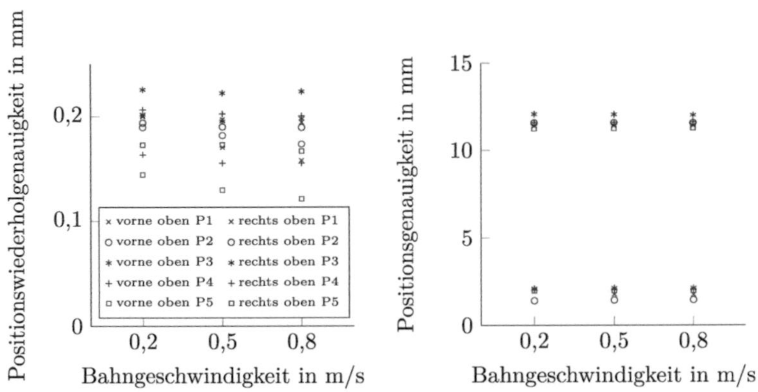

Abb. 5.13 Positionskennwerte nach ISO 9283 bei gemischten Bahnen

muten, dass die Verschlechterung in der Wiederholgenauigkeit auf die Bewegung der Plattform auf dem Hallenboden zurückzuführen ist. Da keine Lasertriangulatormessungen für die gemischten Bahnen vorhanden sind, muss diese Drift über die Auswertung der Bahnmessung untersucht werden. Hierzu zeigt Abbildung 5.14 die Veränderung des Bahnfehlers für alle Prüfpunkte als euklidische Norm. In der Abbildung ist eine deutliche Drift zu erkennen. Der Sprung zwischen Bahn 17 und Bahn 18 entsteht durch eine Zwischenspeicherung und kann auf Basis der Messdaten keiner Ursache zugeordnet werden. Trotz des Sprungs ist eine deutliche Drift zu erkennen, die nicht allein thermisch zu erklären ist, da die Temperaturen des Roboters annähernd konstant bleiben (siehe Abb. 5.9). Die beobachtete Drift um 250 µm ist etwa doppelt so groß wie die Verschlechterung der Positionswiederholgenauigkeit. Die Wiederholgenauigkeit lässt sich annähernd durch den größten Abstand aller Messpunkte zu deren Schwerpunkt beschreiben. Damit ist die Verschlechterung der Positionswiederholgenauigkeit durch die sequenziellen Bahnen vollständig auf die Bewegung der Räder auf dem Hallenboden zurückzuführen. Die Drift von 250 µm über den Messzyklus wirkt sich auch auf die bestimmten Positionsgenauigkeiten

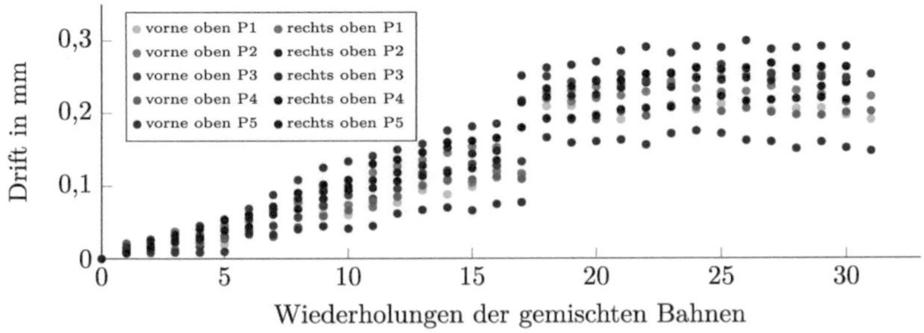

Abb. 5.14 Drift des kartesischen Bahnfehlers als euklidische Norm über alle Prüfzyklen aus Abbildung 5.13

aus. Da sie jedoch deutlich größer sind als die Drift, ist von einem unbedeutenden Einfluss der Drift auf die Positionsgenauigkeiten auszugehen.

Es bleibt festzuhalten, dass sich die gemischten Bahnen nicht zur Bestimmung der Positionswiederholgenauigkeit eignen. Somit ist die erste Forschungshypothese in ihren Aussagen zu den Positions-Kennwerten mit einer Einschränkung zu bestätigen: Es treten zwei Formen von Bewegungen der Plattform relativ zum Hallenboden auf. Zum einen richten sich die unrunden Mecanum-Räder zu Beginn der Roboterbewegung aus und bewegen die Plattform um mehrere Zehntelmillimeter. Zum anderen tritt eine konstante Drift der Plattform auf. Diese beträgt während der gemischten Prüfbahnen rund 30 $\frac{\mu m}{h}$.

Da es sich bei der Ausrichtung der Mecanum-Räder um einen einmaligen Effekt handelt, ist es sinnvoll, diesen nicht in der Bahngenauigkeit zu berücksichtigen. Damit ist die erste Forschungshypothese in Bezug auf die Positionskennwerte mit einer Einschränkung durch die Drift bestätigt. Die Plattform hat keinen Einfluss auf die Positionswiederholgenaukeit, beeinflusst jedoch die Positionsgenauigkeit, wobei beide Kennwerte durch die über die Länge der Betriebsdauer zunehmende Drift negativ beeinflusst werden.

5.3.2 Einfluss der Plattform auf die Bahngenauigkeit des Industrieroboters

Der folgende Abschnitt dient der Untersuchung der ersten Forschungshypothese in Bezug auf die Bahnkennwerte. Die Hypothese besagt, dass die Plattform einen Einfluss auf die Bahngenauigkeit, nicht aber auf die Bahnwiederholgenauigkeit des Roboterarms hat. Der Abschnitt beschreibt die Berechnung der Kennwerte, stellt diese dar und bewertet sie anschließend in Hinblick auf die erste Forschungshypothese.

Da Bahnkennwerte auch dynamische Effekte wie die Verformung der Roboterstruktur durch Trägheitskräfte berücksichtigen, sind die Bahnkennwerte von Robotern in der Regel deutlich größer als deren Positionskennwerte. Der Einfluss der dynamischen Effekte spiegelt sich auch in der Geschwindigkeitsabhängigkeit der Kennwerte wieder (siehe Abb. 5.15). Die Experimente weichen von der ISO 9283 ab, da die Trackingregelkreise der Lasertracer nur bis zu einer Bahngeschwindigkeit von etwa 1 $\frac{m}{s}$ stabil sind. Damit sind keine Bahnmessungen bei der maximalen Bahngeschwindigkeit des Roboters von 2 $\frac{m}{s}$ möglich. Um eine Instabilität der Trackingregelkreise zuverlässig während der gesamten Bahnmessung zu vermeiden, beträgt die größte untersuchte Bahngeschwindigkeit 0,8 $\frac{m}{s}$. Auch die Berechnung der Kennwerte weicht von der ISO 9283 ab. Die Norm beschreibt zur Vermessung der Ist-Bahn Ebenen, die orthogonal zur Soll-Bahn sind. Innerhalb dieser Ebenen wird der Abstand zwischen den Soll- und den Ist-Bahnen berechnet. Dieses Verfahren erlaubt den Einsatz von Laserschnittsensoren. Damit sinkt der experimentelle Aufwand, aber es besteht kein zeitlicher Zusammenhang zwischen den Soll- und den

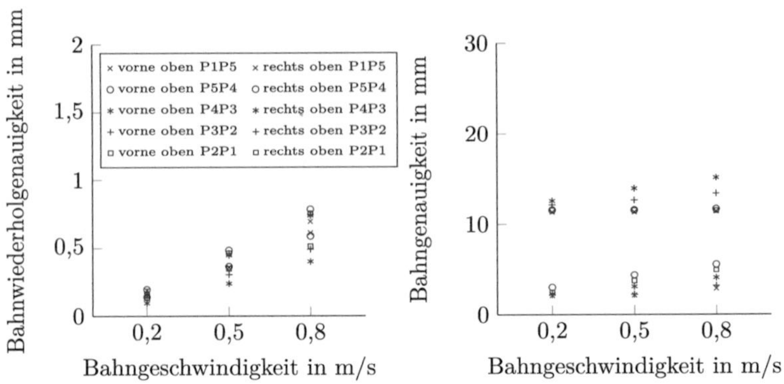

Abb. 5.15 Bahnkennwerte in Anlehnung an ISO 9283 bei sequenziellen Bahnen

Ist-Bahnen. Das im Rahmen der vorliegenden Arbeit eingesetzte Messsystem erlaubt die Berücksichtigung der zeitlichen Zusammenhänge. Daher erfolgt der Vergleich der Ist- und der Soll-Bahnen ohne den Einsatz einer Messebene, sondern direkt aus den Messdaten als kartesischer Abstand. Die ISO 9283 definiert die Bahngenauigkeit als „die Differenz zwischen den Positionen einer Soll-Bahn und der Schwerelinie der Gruppe der Positionen von Ist-Bahnen“ [Deu98, S. 22]. Da die Sollwerte eine geringere Abtastrate als die Istwerte haben, dient eine Spline-Interpolation der Glättung der Sollwerte (siehe Abb. 4.3).

Der Vergleich der Kennwerte für sequenzielle und gemischte Bahnen zeigt keine deutlichen Unterschiede. Die während der sequenziellen Bahnen beobachtete Bewegung der Plattform von 250 μm auf dem Hallenboden führt zu keiner maßgeblichen Änderung der Kennwerte. Daher reicht es zur Untersuchung des Bahnverhaltens des Roboterarms einen Datensatz zu betrachten (Siehe Abb. 5.15). Die Bestimmung der Bahnkennwerte erfolgt durch die Auswertung der geradlinigen Bahnbewegungen der Prüfbahnen mit Stopps.

Die Bahnwiederholgenauigkeit beschreibt das Maximum eines Radius um die Schwerelinie von mindestens 10 Bahnen, der einen Durchmesser der dreifachen Standardabweichung der Einzelbahnen aufweist. Da es in der Literatur keine Kennwerte zur Bahnwiederholgenauigkeit von vergleichbaren Robotern gibt, müssen die gemessenen Kennwerte zur Bewertung der ersten Forschungshypothese genügen.

Zunächst ist in den Messergebnissen eine deutliche Geschwindigkeitsabhängigkeit zu erkennen. Mit der Zunahme der Geschwindigkeit nehmen die Bahnwiederholgenauigkeit und deren Streuung zu. Dieses Verhalten deckt sich qualitativ mit dem in der Literatur beschriebenen Verhalten von stationären Robotern [Mor+16].

Die Bestimmung der Bahnkennwerte erfolgt aus denselben Messdaten, aus denen auch die Positionskennwerte bestimmt werden. Damit beeinflusst die in den Positionskennwerten beobachtete Drift auch die Bahnkennwerte. Analog zur Positionsgenauigkeit kann jedoch von einer vernachlässigbaren Beeinflussung ausgegangen werden.

Abbildung 5.15 zeigt deutlich, dass sich die Bahnwiederholgenauigkeiten vor und neben dem Roboter unterscheiden. Diese Beobachtung widerlegt die erste Forschungshypothese in Bezug auf die Bahnwiederholgenauigkeit. Da die zweite und dritte Achse in beiden Prüfarbeitsräumen denselben Winkel haben und die erste Achse weitestgehend rotationssymmetrisch aufgebaut, ist davon auszugehen, dass der Unterschied in der Bahnwiederholgenauigkeit durch die Plattform entsteht. Die Untersuchungen zur Positionsgenauigkeit aus Abschnitt 5.3.1 stützen diese Annahmen, indem sie zeigen, dass die Fundamentsteifigkeit der Plattform richtungsabhängig ist. Auch die Trägheitsmomente der Plattform sind aufgrund der asymmetrischen Positionierung der Blei-Gel-Batterien innerhalb der Plattform richtungsabhängig.

Da die Bahnwiederholgenauigkeit maßgeblich durch die Regelabweichung der Achsantriebe entsteht, ist es möglich, dass die Erweiterung des dynamischen Systems durch die Plattform einen Einfluss auf die Regelkreise hat. Daneben ist eine Hysterese, die durch die Plattform erzeugt wird, eine plausible Ursache für die Beeinflussung der Bahnwiederholgenauigkeit. Aus den aufgezeichneten Daten ist es jedoch nicht möglich, die genaue Ursache zu identifizieren, und somit bleibt die Frage nach der Ursache des Einflusses der Plattform auf die Bahnwiederholgenauigkeit letztlich offen.

Die Bahngenauigkeiten vor und rechts von der Plattform unterscheiden sich deutlich. Die lineare Abhängigkeit zwischen der Bahngeschwindigkeit und der Bahngenauigkeit deckt sich mit den Beobachtungen von Morozow [Mor+16] (siehe Tab. 5.4). Da Morozow jedoch einen deutlich kleineren, stationären Roboter untersucht, ist kein direkter Vergleich der Kennwerte möglich.

Ein Vergleich der Bahngenauigkeit (siehe Abb. 5.15) mit der Positionsgenauigkeit (siehe Abb. 5.10) zeigt, dass sich die Unterschiede zwischen den beiden Roboterorienterungen fast vollständig aus deren Positionsgenauigkeit, also aus den statischen Anteilen des Bahnfehlers, erklären lassen. Neben dem Einfluss der Ausrichtung des Roboterarms auf dessen Bahngenauigkeit ist sowohl bei der Bahngenauigkeit als auch bei deren Streuung eine deutliche Geschwindigkeitsabhängigkeit zu erkennen. Anhand der vorhandenen Daten kann nicht unterschieden werden, ob es sich dabei um eine Plattformbewegung, Verformungen des Roboterarms oder Regelabweichungen der Achsantriebe handelt. Zur Unterscheidung dieser Effekte sind weitere Experimente notwendig. Für die Bewertung der ersten Forschungshypothese reichen die vorhandenen Daten jedoch aus. Da sich die Bahngenauigkeiten vor und neben der

Tab. 5.4 Bahngenauigkeit eines Kuka KR 5 arc HW [Mor+16]

Geschwindigkeit	Bahngenauigkeit
0,2 $\frac{m}{s}$	1,8 mm
1,0 $\frac{m}{s}$	3,2 mm
2,0 $\frac{m}{s}$	4,5 mm

Plattform deutlich voneinander unterscheiden, muss die Plattform einen Einfluss darauf haben. Damit ist die zweite Hälfte der ersten Forschungshypothese in Bezug auf die Bahngenauigkeit unter Berücksichtigung der obigen Einschränkungen bestätigt.

5.3.3 *Zusammenfassende Bewertung der ersten Forschungshypothese*

Der Stand des Wissens zeigt, dass kein experimentell bestätigtes Wissen zur Bahngenauigkeit von Industrierobotern auf mobilen Plattformen vorhanden ist. Um diese Wissenslücke zu schließen, beginnt das Kapitel mit umfangreichen Bahnmessungen. Diese dienen als Grundlage zur Bestimmung der Genauigkeit und die Wiederholgenauigkeit eines mobilen Roboters für Positionen und Bahnen. Es wird gezeigt, dass sich die Plattform in erster Linie durch eine verminderte Fundamentsteifigkeit auf die Genauigkeit des Industrieroboters auswirkt und den systematischen Anteil des Positions- und Bahn-Fehlers auf diese Weise maßgeblich beeinflusst. In den beiden vorausgegangenen Abschnitten konnten die Kernaussagen der ersten Forschungshypothese somit bestätigt werden. Die Plattform eines mobilen Roboters wirkt sich, im Vergleich zu einer stationären Montage des Roboterarms, in erster Linie auf dessen Genauigkeit aus. Auf die Positionswiederholgenauigkeit hat die Plattform keinen Einfluss. Die Bahnwiederholgenauigkeit hingegen wird leicht verschlechtert.

Überraschend war die Beobachtung, dass sich die Plattform relativ zum Boden bewegt. Abbildung 5.7 zeigt, dass die Trägheitskräfte des Roboterarms groß genug sind, um die Plattform zu bewegen. Diese Bewegung besteht aus zwei Anteilen: Zunächst verschiebt sich die Plattform um mehrere Zehntelmillimeter, wenn sich die unrunden Mecanum-Räder nach einer Bewegung der Plattform auf eine ebene Teilfläche ausrichten. Anschließend ist eine permanente Drift um mehrere Mikrometer pro Stunde zu beobachten. Diese entsteht durch die vom Roboterarm erzeugten Trägheitskräfte. Wenn diese die Haftreibung der Räder zum Boden überwinden, entsteht eine Bewegung der Plattform relativ zum Hallenboden.

Eine weitere Einschränkung in der Bestätigung der Forschungshypothese besteht in der Untersuchung nur eines mobilen Roboters. Diese erlaubt es nicht, statistische Aussagen zu den betrachteten Größen zu treffen. Darüber hinaus ist die Übertragbarkeit der Aussage auf mobile Roboter einer anderen Bauart nur eingeschränkt möglich. So ist die beobachtete Drift der Plattform auf dem Hallenboden von den erzeugten Trägheitskräften, der Trägheit der Plattform und dem Rad-Boden-Reibwert abhängig. Es ist also zu erwarten, dass sich die Drift verschiedener mobiler Robotern deutlich unterscheidet und nicht bei jedem mobilen Roboter auftritt.

Ähnliches gilt für die Positions- und die Bahngenauigkeit. Der beobachtete Einfluss der Plattform fußt in erster Linie auf deren geringerer Steifigkeit im Vergleich zu dem Fundament eines stationären Roboters. Damit ist der Einfluss maßgeblich durch die Größe des Roboterarms und die Steifigkeit der Plattform definiert. Es besteht also auch hier eine deutliche Abhängigkeit von der Konstruktion des mobilen Roboters.

Da Plattformen jedoch einen Ausgleich für Unebenheiten des Hallenbodens brauchen, um nicht zu kippeln, ist immer mit einer Nachgiebigkeit der Plattformen zu rechnen. Es ist also bei allen mobilen Robotern ein vergleichbares Verhalten zu erwarten, wobei sich die Ausprägungen der einzelnen Effekte in ihrer Größe deutlich unterscheiden können.

Unabhängig von den Einschränkungen ist davon auszugehen, dass der stochastische Anteil des Bahnfehlers des Industrieroboters durch die Plattform nur geringfügig zunimmt. Da der stochastische Fehler die maximal mit Modellerweiterungen und Kalibrierungen erreichbare Genauigkeit definiert, ist es folglich möglich, den Bahnfehler eines mobilen Roboters in den Submillimeterbereich zu verringern, wenn die in der Literatur beschriebenen Modellierungsansätze um die herabgesetzte Fundamentsteifigkeit erweitert werden. Damit ist belegt, dass eine wichtige Voraussetzung für die im folgenden Kapitel untersuchte Modellerweiterung mittels KNN gegeben ist.

5.4 Genauigkeitsuntersuchungen am bahngeregelten Roboter

Das Ziel dieses Abschnittes ist es, die Leistungsfähigkeit des Regelkreises aus Abschnitt 4.3.1 zu beschreiben. Der Regler wird für die Prüfung der zweiten Forschungshypothese durch ein Modell zur Vorhersage des Bahnfehlers auf Basis eines künstlichen neuronalen Netzes ersetzt. Damit legt dieser Abschnitt eine wichtige Grundlage zur Bewertung der Leistungsfähigkeit der späteren Modellerweiterung des Roboters mit künstlichen neuronalen Netzen.

Die Untersuchung der Leistungsfähigkeit des Regelkreises beginnt, analog zur Untersuchung der ungeregelten Bahngenauigkeit, mit den Positionskennwerten. Abbildung 5.16 zeigt diese für gemischte Bahnen. Zunächst fällt ein großer Sprung

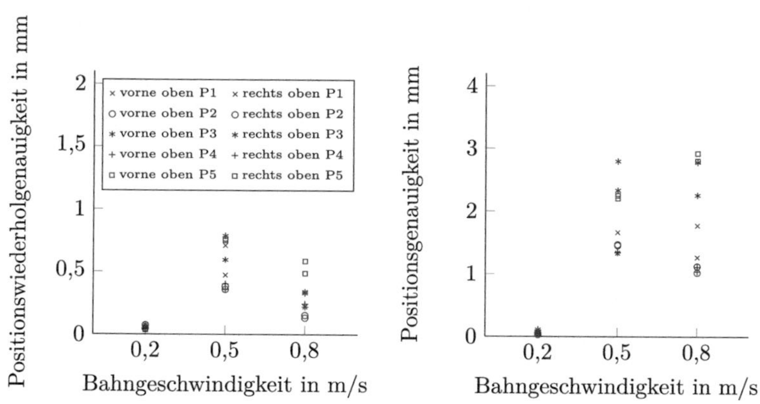

Abb. 5.16 Positionskennwerte nach ISO 9283 bei gemischten Bahnen und aktiver Bahnregelung

zwischen der Bahngeschwindigkeit von 0,2 $\frac{m}{s}$ und 0,5 $\frac{m}{s}$ auf. Bei 0,2 $\frac{m}{s}$ ist die Positionswiederholgenauigkeit beim geregelten Roboter mit durchschnittlich 73 µm – im Vergleich zu 42 µm beim ungeregelten Roboter – annähernd gleich. Darüber hinaus ist die Positionsgenauigkeit des geregelten Roboters mit durchschnittlich 66 µm deutlich besser als die ungeregelte Positionsgenauigkeit mit durchschnittlich 1,9 mm vor der Plattform und 11,6 mm neben der Plattform. Der Regler ist also bei niedrigen Geschwindigkeiten dazu in der Lage, den systematischen Bahnfehler bis auf die Größenordnung des stochastischen Fehlers zu reduzieren. Die Bahnregelung erreicht damit die im Stand des Wissens beschriebene Leistungsfähigkeit (siehe Abschn. 2.6.4).

Bei höheren Geschwindigkeiten steigen die Kennwerte deutlich an. Die Leistungsfähigkeit des Regelkreises sinkt also bei hohen Geschwindigkeiten. Die Kennwerte vor und neben dem Roboter unterscheiden sich bei hohen Geschwindigkeiten nicht. Der Regler ist also auch bei hohen Bahngeschwindigkeiten in der Lage, den statischen Anteil des Bahnfehlers vollständig zu kompensieren. Der Regelkreis enthält drei Elemente, die die Zunahme des Bahnfehlers mit zunehmender Bahngeschwindigkeit erklären (siehe Abschn. 4.3.1). Die Filter und die Stellwertbegrenzung führen zu einer Regelabweichung, und die Stillstandserkennung friert diese ein. Da die Stillstandserkennung nur aufgrund von Einschränkungen der RSI-Schnittstelle notwendig ist, ist bei einer besseren Integration des Bahnregelkreises in die Robotersteuerung von einer deutlichen Verbesserung der Regelgüte auszugehen. Mit einer besseren Integration ist es wahrscheinlich, dass für alle Bahngeschwindigkeiten Kennwerte in der Größenordnung der ungeregelten Positionswiederholgenauigkeit erreicht werden können.

Die Bahnwiederholgenauigkeit im geregelten Fall zeigt im Gegensatz zur Bahnwiederholgenauigkeit im ungeregelten Fall keine Geschwindigkeitsabhängigkeit (siehe Abb. 5.17). Sie bewegt sich auf dem Niveau der ungeregelten Bahnwiederholgenauigkeit bei 0,8 $\frac{m}{s}$ (siehe Abb. 5.15). Damit führt die Bahnregelung bei den

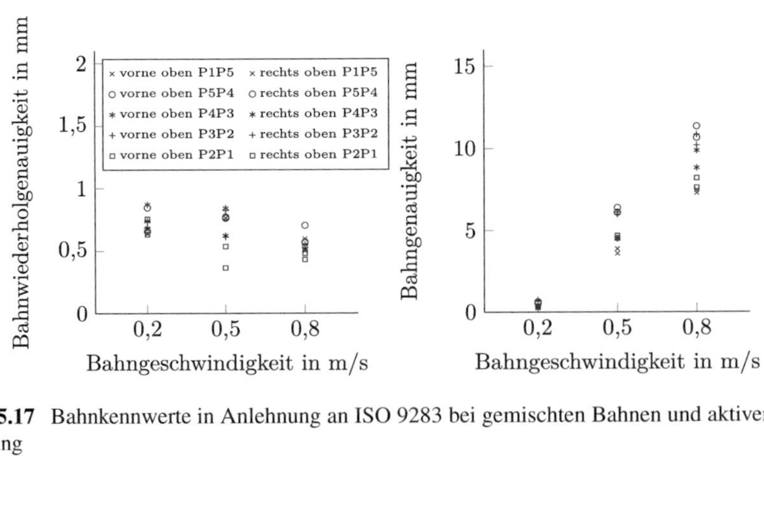

Abb. 5.17 Bahnkennwerte in Anlehnung an ISO 9283 bei gemischten Bahnen und aktiver Bahnregelung

beiden niedrigen Bahngeschwindigkeiten zu einer deutlichen Verschlechterung der Bahnwiederholgenauigkeit.

Die Bahngenauigkeit zeigt eine deutliche Geschwindigkeitsabhängigkeit. Wie bei den Positionskennwerten entspricht die Bahngenauigkeit bei $0{,}2\ \frac{\mathrm{m}}{\mathrm{s}}$ der Bahnwiederholgenauigkeit. Weiterhin nimmt der Bahnfehler mit der Geschwindigkeit zu. Dabei ist bei $0{,}8\ \frac{\mathrm{m}}{\mathrm{s}}$ der Bahnfehler vor der Plattform geregelt deutlich größer als ungeregelt (siehe Abb. 5.15 und 5.17). Da sich die beiden Arbeitsräume anhand der Bahnkennwerte nicht unterscheiden lassen, sind die Bahnfehler auf den Regler zurückzuführen. Der Regelkreis enthält zur Gewährleistung seiner Stabilität mehrere Filter, die insbesondere bei hohen Bahngeschwindigkeiten zu großen Regelabweichungen führen. Damit ist im Gegensatz zur Positionsgenauigkeit davon auszugehen, dass eine bessere Integration der Bahnregelung in die Robotersteuerung die geregelte Bahngenauigkeit nicht deutlich verbessern kann.

Zusammenfassend ist festzustellen, dass der Regler bei allen untersuchten Kennwerten die Einflüsse des Kippens der Plattform ausgleicht und bis zu einer Bahngeschwindigkeit von $0{,}2\ \frac{\mathrm{m}}{\mathrm{s}}$ sehr gute Ergebnisse liefert. Der geregelte Roboter erreicht bei dieser Geschwindigkeit für alle Positionskennwerte die Größenordnung der ungeregelten Positionswiederholgenauigkeit. Bei höheren Geschwindigkeiten führen Spezfika der eingesetzten RSI-Schnittstelle zu einer Verschlechterung der Positionskennwerte. Die Positionsgenauigkeit ist im geregelten Fall dennoch für alle Geschwindigkeiten besser als im ungeregelten. Bei den Bahnkennwerten führen die Filter zu einer Regelabweichung, die stark geschwindigkeitsabhängig ist.

Kapitel 6
Künstliche neuronale Netze zur Steigerung der Bahngenauigkeit mobiler Roboter

Das Ziel dieses Kapitels ist es, die zweite Forschungshypothese zu prüfen, welche aus zwei aufeinander aufbauenden Teilen besteht. Der Forschungshypothese folgend, beginnt das Kapitel mit der Entwicklung eines künstlichen neuronalen Netzes (KNN) zur Vorhersage des Bahnfehlers eines Industrieroboters auf einer mobilen Plattform. Im zweiten Schritt dient das KNN dazu, den Bahnfehler des Roboters in Echtzeit zu korrigieren. Die experimentelle Erprobung dieser Modellerweiterung erlaubt die Bewertung der zweiten Hälfte der zweiten Forschungshypothese.

6.1 Eignung künstlicher neuronaler Netze für die Vorhersage des Bahnfehlers

Das Ziel des Abschnittes ist es, die Fähigkeit von KNN zu prüfen, den Bahnfehler eines Industrieroboters auf einer mobilen Plattform mit dem in der zweiten Forschungshypothese geforderten mittleren Vorhersagefehler von 0,32 mm vorherzusagen. Die Netze sind so aufgebaut, dass sie Zustandsinformationen des Roboters wie die Soll-Pose als Netzeingang nutzen und den Bahnfehler des Roboters ausgeben. Die Netze erlauben eine Bewertung der ersten Hälfte der zweiten Forschungshypothese.

Künstliche neuronale Netze zeichnen sich durch eine Vielzahl von Designparametern aus. Neben der Struktur des Netzes haben die Trainingsparameter und die Trainingsdaten einen großen Einfluss auf die Leistungsfähigkeit der KNN. Da diese Parameter teilweise in starker Wechselwirkung miteinander stehen und somit nicht einzeln optimiert werden können, handelt es sich bei der Entwicklung eines KNN um eine Mehrzieloptimierung. Ein Beispiel für eine starke Abhängigkeit ist die Wechselwirkung zwischen dem Umfang der Trainingsdaten und den Trainingshyperparametern Batch Size und Epochenanzahl. Eine Zunahme der Trainingsdaten

M. Neitmann, *Steigerung der Bahngenauigkeit mobiler Industrieroboter durch eine Modellerweiterung mittels künstlicher neuronaler Netze*, Mechanics and Adaptronics,
https://doi.org/10.1007/978-3-662-69561-6_6

wird im Training nur berücksichtigt, wenn zugleich die Hyperparameter Batch Size oder Epochenanzahl erhöht werden.

Aufgrund der langen Rechenzeiten für das Training sind strukturierte Rastersuchen zur Optimierung der Netze üblich. Die Entwicklung des KNN beginnt mit dem Design von geeigneten Trainingsbahnen, die möglichst viele Effekte, die zu Bahnfehlern führen, abbilden. Der anschließende Vergleich verschiedener Netzstrukturen zeigt, dass ein umfangreicher Inputvektor benötigt wird, um das Verhalten des Roboters mit der geforderten Genauigkeit abbilden zu können. Zur Steigerung der Qualität der Trainingsdaten ist weiterhin eine Glättung der Bahn-Sollwerte nötig. Univariate Splines sind hervorragend zur Glättung geeignet und führen zu geringen Vorhersagefehlern, sind aber nicht echtzeitfähig berechenbar. Echtzeitfähige Aufbereitungsmethoden wiederum führen zu einer leichten Verschlechterung der Bahnfehlervorhersage.

6.1.1 Design der Trainingsbahnen

Die Roboterbahnen, die als Trainingsdaten aufgenommen werden, orientieren sich an den Bahngenauigkeitsmessungen. Erste Voruntersuchungen zeigen, dass die Prüfbahnen aus der ISO 9283 nicht genug Trainingsdaten liefern. Zufällig generierte Bahnen führen zu deutlich besseren Trainingsergebnissen. Diese enthalten Kreisbahnen, geradlinige Bahnen und Stopps (siehe Abb. 6.1). Damit bilden sie die wichtigsten Bewegungsarten ab. Die Trainingsbahnen enthalten keine „Point to Point"-(PTP-)Bewegungen, da diese üblicherweise in Bahnbewegungen ohne Anforderungen an die Bahngenauigkeit eingesetzt werden. Zwischen den einzelnen Bahnen überschleift der Roboter mit seinen Standardeinstellungen. Um

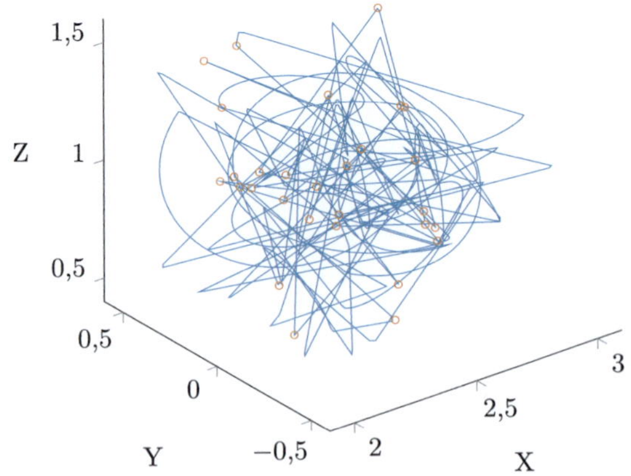

Abb. 6.1 Zufallsbahn mit einer Geschwindigkeit von 0,8 $\frac{\text{m}}{\text{s}}$ (orange Bereiche markieren Stopps)

Umgebungseinflüsse gering zu halten, findet die Aufnahme aller Trainingsdaten an einem Tag statt.

Die Bahnen nutzen die Arbeitsräume und Geschwindigkeiten, die auch für die Bahngenauigkeitsmessungen in Kapitel 5 eingesetzt werden. Dies ermöglicht eine Vergleichbarkeit zwischen den Kapiteln. Die Programmierung erfolgt, wie bei den Bahngenauigkeitsmessungen, in relativen Koordinaten, damit identische Zufallsbahnen in allen Arbeitsräumen gefahren werden können. Für die Zufallsbahnen werden neben der Reihenfolge der Bahnarten auch die Stützposen für die Bahndefinition zufällig festgelegt. Dabei wird der gesamte Prüfwürfel ausgenutzt. Die Orientierungen können nur begrenzt variiert werden. Zu große Orientierungsänderungen führen zu einer Unterbrechung der Messlaser und müssen daher vermieden werden. Insgesamt gibt es drei verschiedene Zufallsbahnen. Die Nutzung nur einer Zufallsbahn für verschiedene Geschwindigkeiten führt zu unterschiedlichen Bahndauern. Diese wiederum bedingen im Training der KNN aufgrund der zeitlich äquidistanten Abtastung eine Überrepräsentation der niedrigen Geschwindigkeiten. Daher existiert für jede Geschwindigkeit eine eigene Zufallsbahn.

Trotz der Nutzung identischer Bahnprogramme unterscheiden sich die Soll-Bahnen zwischen den Arbeitsräumen. Die Robotersteuerung interpoliert die kartesische Soll-Bahn des Roboters aus der in der Kuka Robotic Language definierten Soll-Bahn. Dabei berücksichtigt sie die maximalen Antriebsmomente der Servomotoren und reduziert bei Bedarf die Beschleunigungen. Gleiche Bahnprogramme können daher in unterschiedlichen Arbeitsräumen zu unterschiedlichen Soll-Bahnen führen. Es werden zwar dieselben Bahnpunkte abgefahren, aber die Geschwindigkeiten und Beschleunigungen unterscheiden sich. So dauert die Zufallsbahn mit 0,8 $\frac{\mathrm{m}}{\mathrm{s}}$ im Bereich vorne oben 268 s und im Bereich vorne unten nur 218 s.

Während des Betriebs eines mobilen Roboters ist von sich stark unterscheidenden Aufgaben und Stillstandszeiten auszugehen. Diese Betriebsweise führt zu unterschiedlichen thermischen Zuständen, die einen messbaren Einfluss auf die Bahnabweichung haben. Dennoch ist es sinnvoll, thermische Einflüsse im Rahmen der vorliegenden Arbeit zu vernachlässigen. Abschnitt 5.2 wird gezeigt, dass der Roboter während 200 Warmfahrbahnen eine Gesamtdrift von 213 µm erfährt, während sich die mittlere Achstemperatur um 22 K erhöht. Um diese starke Temperaturänderung in den Trainingsdaten abzubilden, sind aufgrund der langsamen Temperaturänderungen sehr zeitintensive Messungen notwendig. Während der sequenziellen Bahnmessungen für die Bahngenauigkeitsuntersuchungen tritt in den Prüfbahnen eine Temperaturänderung von 3 K auf. Diese geringen Temperaturänderungen nach einem Warmfahren führen zu Bahnfehlern, die deutlich kleiner sind als die Positionswiederholgenauigkeit des Roboters und damit auch vernachlässigt werden können. Die Literatur zeigt, dass KNN die thermische Drift von Werkzeugmaschinen genau genug vorhersagen, um diese auf bis zu 10 % ihrer ursprünglichen Größe zu senken [Li+09]. Da sich Werkzeugmaschinen in ihrem grundlegenden Aufbau wenig von Industrierobotern unterscheiden, ist also zu erwarten, dass auch die thermische Drift von Industrierobotern mit KNN vorherzusagen ist. Da die thermische Drift mit künstlichen neuronalen Netzen vorherzusagen ist, und die Bahngenauigkeitsuntersuchungen in Abschnitt 5.2 belegen, dass der Einfluss thermischer Effekte auf den Bahnfehler im warmgefahrenen Zustand klein ist, ist es zur Prüfung der zweiten Forschungshypothese zielführend, thermische Effekte zunächst zu vernachlässigen und lediglich den Bahnfehler des warmgefahrenen Roboters zu modellieren.

Rösch untersucht in seiner Dissertation das Fräsen mit stationären Robotern. In seinen Experimenten beobachtet er Fräserabdrängungen von über 1 mm [Rös15, S. 57] beim Einsatz eines Roboters[1] mit einer Nutzlast von 240 kg. Damit ist erwiesen, dass Prozesskräfte einen großen Einfluss auf den Bahnfehler haben. Aus diesem Grund muss das KNN Informationen zu den Prozesslasten bekommen, um diese Abdrängung vorhersagen zu können. Rösch demonstriert in seiner Arbeit, dass diese Abdrängung durch ein physikalisches Modell vorhergesagt und kompensiert werden kann [Rös15, S. 73–105]. Wu et al. zeigen, dass KNN in der Lage sind, das dynamische Verhalten von fußpunkterregten Mehrfreiheitsgradsystemen vorherzusagen [WJ19]. Damit ist zu erwarten, dass KNN geeignet sind, die Reaktion des Roboters auf Prozesskräfte zu beschreiben, wenn die Trainingsdaten ausreichende Variationen in den wirkenden Kräften enthalten. Um es dem KNN zu ermöglichen, die Prozesskräfte in der Vorhersage des Bahnfehlers zu berücksichtigen, enthält der Endeffektor einen sechsachsigen Kraft-und-Moment-Sensor. Analog zum Design der Soll-Bahnen ist es zielführend, während der Aufzeichnung der Trainingsdaten dreidimensionale, zufällige Prozesskräfte auf den Roboter wirken zu lassen. Diese sind experimentell nur mit großem Aufwand zu erzeugen. Da es das primäre Ziel der vorliegenden Arbeit ist, die grundlegende Eignung der vorgestellten Modellerweiterung mit KNN nachzuweisen, ist es sinnvoll, zunächst auf zusätzliche, extern aufgebrachte Prozesskräfte zu verzichten. Stattdessen erfolgt eine Variation der Endeffektormasse (siehe Abb. 5.1). Dazu werden die Bahnmessungen für alle Geschwindigkeiten und Arbeitsräume mit einem Endeffektorgewicht, welches der Nennlast des Roboters von 150 kg entspricht, und ohne die Prüfmassen, also mit einem Endeffektorgewicht von 37,5 kg, wiederholt. Aus den vier Arbeitsräumen, drei Geschwindigkeiten und zwei Endeffektormassen ergeben sich somit 24 Trainingsdatensätze.

6.1.2 Struktur des künstlichen neuronalen Netzes

Die Leistungsfähigkeit eines KNN bestimmt sich, neben den Trainingsdaten, maßgeblich aus der Struktur des Netzes. Wichtige Strukturparameter sind die Anzahl der Eingangsneuronen sowie die Anzahl der versteckten Schichten[2] und deren Neuronenanzahl. Die Literatur zeigt, dass KNN in der Lage sind, den Positionsfehler von Robotern zu modellieren. Ein wichtiger Aspekt bei der Vorhersage des Bahnfehlers ist das dynamische Verhalten des Roboters. Die in der Literatur beschriebenen

[1] Kuka KR 240 R2500 prime.

[2] Englisch: Hidden Layer.

künstlichen neuronalen Netze modellieren in erster Linie quasistatische Effekte und nutzen als Netzeingang lediglich die Soll-Pose. Damit sind sie nicht geeignet, um die in Abschnitt 2.6.9 beschriebenen dynamischen Effekte abzubilden und müssen um weitere Eingänge erweitert werden, die Rückschlüsse auf dynamische Effekte zuzulassen. Beim Design des KNN ist es wichtig, das Netz klein zu halten. Die Netzgröße ist proportional zur benötigten Rechenzeit. Wenn das Netz zu groß wird, besteht die Gefahr, dass es nicht mehr innerhalb des Bahninterpolationstakts berechnet werden kann. Die Untersuchungen zur Struktur des KNN nutzen die beiden vorderen Arbeitsräume mit dem leichten Endeffektor und allen Geschwindigkeiten als Trainingsdatensatz. Univariate Splines dienen zur Glättung der Sollwerte (siehe Abschn. 6.1.3). Das Training aller Netze in der vorliegenden Arbeit erfolgt mit Keras und Tensorflow [Cho15; Mar+16].

Um es dem KNN zu ermöglichen, das dynamische Verhalten zu beschreiben, werden in diesem Abschnitt verschiedene Möglichkeiten verglichen, die aus dem Stand des Wissens bekannten Netze zu erweitern. Eine davon ist der Einsatz von rekurrenten „Long Short-Term Memory"-(LSTM-)Netzwerken. Diese enthalten Speicher, die vorherige Zeitschritte aufnehmen. Durch diese integrierten Speicher sind die Trainingsalgorithmen deutlich rechenintensiver im Vergleich zu Feedforward-Netzwerken [HS97]. Da erste Voruntersuchungen zur Eignung von LSTM-Netzwerken schlechte Bahnfehlervorhersagen liefern [Mey19] und die Implementierung dieser Netze auf der SPS für die Modellerweiterung aufwendiger ist, ist es sinnvoll, zunächst andere Ansätze zur Berücksichtigung des dynamischen Verhaltens zu verfolgen. Eine einfacher umzusetzende Alternative ist es, den Inputvektor von Feedforward-Netzwerken um vergangene Zeitschritte zu erweitern. Dieser Ansatz wird im Folgenden als „erinnerndes Netz" bezeichnet. Eine Rastersuche zur Optimierung der Designparameter führt zu einem Netz, dessen Inputvektor sich aus der kartesischen Soll-Pose und jeweils 10 Zeitschritten mit 5 ms Abstand zusammensetzt. Das Netz besteht weiterhin aus einer versteckten Schicht mit 30 Neuronen und 30 Bias-Neuronen. Der Outputvektor besteht aus der gemessenen Bahnabweichung. Dieses Netz sagt den Bahnfehler mit einem mittleren Vorhersagefehler[3] von 0,6 mm und einem maximalen Vorhersagefehler von 8,14 mm voraus [Sch21] und erfüllt damit nicht die Anforderungen der zweiten Forschungshypothese.

Ein weiterer Ansatz ist es, dem KNN statt der Zeitschritte Größen zu übergeben, die einen direkten Rückschluss auf das dynamische Verhalten liefern. In der vorliegenden Arbeit wird dieses Netz als „dynamisches Netz" bezeichnet. Hierbei sind die Soll-Beschleunigungen von großer Bedeutung, da diese einen Rückschluss auf die Trägheitskräfte und damit auf die Verformung der Roboterstruktur zulassen. Neben den Beschleunigungen enthält der Eingangsvektor auch die Soll-Geschwindigkeiten. Alle Größen werden dem Netz als vektorielle Größen übergeben. Eine Rastersuche ergibt ein Netz mit zwei versteckten Schichten, welche jeweils aus jeweils 30 Neuronen bestehen. Die erste versteckte Schicht enthält zusätzlich 30 Bias-Neuronen. Das

[3] Der Vorhersagefehler ist als euklidische Norm der Differenz von dem gemessenen und dem vorhergesagten Bahnfehler angegeben.

dynamische Netz erreicht einen mittleren Vorhersagefehler von 0,45 mm und einen maximalen Vorhersagefehler von 6,04 mm [Sch21].

Sowohl das erinnernde als auch das dynamische KNN erreichen nicht die in der zweiten Forschungshypothese beschriebene mittlere Vorhersagegenauigkeit von 0,32 mm. Daher sind weitere Optimierungen notwendig. Die Kombination beider Ansätze ist geeignet, den Vorhersagefehler weiter zu senken. Da es sich bei dem Roboter um ein schwingungsfähiges System handelt, benötigt das KNN Information zu den potentiellen und den kinetischen Energien des Roboters, um dessen Verhalten abbilden zu können. Die Soll-Pose und die Bahnabweichung aus vorherigen Zeitschritten beschreiben die potentiellen Energien. Die kinetischen Energien werden durch die Soll-Geschwindigkeiten beschrieben. Damit enthält das Netz alle Zustandsgrößen, die zur Beschreibung des dynamischen Verhaltens des Roboters notwendig sind. Zusätzlich beinhaltet der Inputvektor die Messwerte des Kraft-und-Moment-Sensors. Tabelle 6.1 zeigt die Größen des Inputvektors dieses kombinierten Netzes. Der Vektor beeinhaltet neben den kartesischen Sollwerten auch alle Sollwerte des Roboters in Achswinkeln.

Eine Rastersuche ergibt 6 Zeitschritte mit 4 ms Abstand. Das gefundene Netz besteht aus drei versteckten Schichten mit jeweils 120, 40 und 20 Neuronen und Bias-Neuronen [Sch20]. Die Bahn-Sollwerte in Achswinkeln und kartesischen Koordinaten stellen redundante Informationen dar. Damit liegt es nahe, den Inputvektor zu reduzieren, aber Untersuchungen zeigen, dass eine Reduzierung des Inputvektors in jedem Fall zu einer Abnahme der Vorhersagegüte führt.

Abbildung 6.2 zeigt den Pertubationsrang der verschiedenen Kennwerte. Der Pertubationsrang ist ein Maß zur Bewertung der Relevanz eines Netzeingangs für das Modell [GDL03]. Zur Berechnung des Pertubationsrangs wird jeweils ein Netzeingang zufällig in seiner Reihenfolge verändert. Dieses Mischen führt dazu, dass ein spezifischer Netzeingang keine Korrelation mehr mit dem Netzausgang hat. Statistische Merkmale wie Standardabweichung oder Streuung bleiben jedoch erhalten. Anschließend wird das Netz erneut berechnet und aus den Unterschieden der Pertubationsrang bestimmt. Der Pertubationsrang ist eine dimensionslose Größe zwischen 0 und 1, wobei 0 für keine Relevanz und 1 für eine hohe Relevanz steht. Die Pertubationsränge bestätigen die Beobachtung, dass alle Komponenten des Eingangsvektors

Tab. 6.1 Variablen für den Inputvektor des kombinierten Netzes

	kartesische Koordinaten	kartesische Winkel	Achswinkel
Position	X	X	X
Geschwindigkeit	X	X	X
Beschleunigung	X	X	X
Kraft	X		
Moment	X		
Zeitschritte	6 Schritte mit 4 ms Abstand		

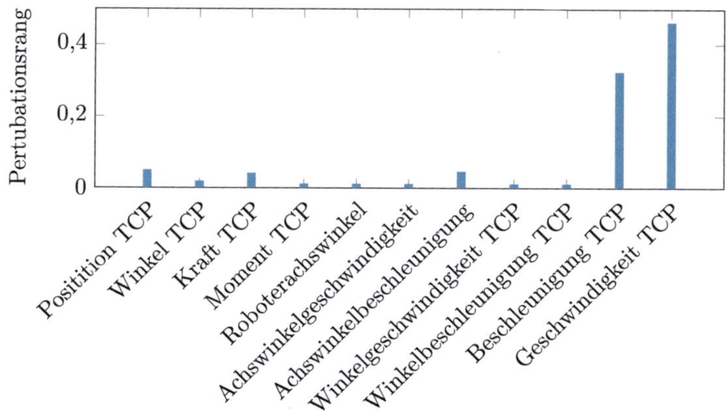

Abb. 6.2 Pertubationsrang des Inputvektors für das kombinierte Netz in den vorderen Arbeitsräumen mit leichtem Endeffektor

eine Relevanz für die Vorhersage des Bahnfehlers haben. Da die Berechnungszeit mit allen Eingangsgrößen und Zeitschritten auf einem Notebook mit einem Intel i5-8265u Prozessor nur 20 µs beträgt und der geplante IPO-Zyklus 1 ms beträgt, stellt der umfangreiche Inputvektor keinen großen Nachteil dar.

Das kombinierte Netz erreicht eine weitere Reduktion des Vorhersagefehlers, mit einem mittleren Vorhersagefehler von 0,3 mm und einem maximalen Vorhersagefehler von 2,41 mm. Der Vergleich der drei Netzarchitekturen in Tabelle 6.2 zeigt deutlich, dass das kombinierte Netz die besten Vorhersageergebnisse erzielt. Als einziges Netz erfüllt es die Anforderung an die mittlere Vorhersagegenauigkeit aus der zweiten Forschungshypothese. Daher ist es die Basis für alle weiteren Untersuchungen. Das kombinierte Netz zeigt, dass die Erweiterung der aus der Literatur bekannten KNN um zusätzliche Eingänge deren Vorhersagegüte deutlich steigern kann.

Abbildung 6.3 zeigt die Entwicklung der Kostenfunktion und des mittleren absoluten Fehlers während des Trainings des kombinierten Netzes. Da beide Kennwerte für den Validierungsdatensatz größer sind als für den Trainingsdatensatz, ist von einer Unteranpassung des Modells auszugehen. Ursachen für eine Unteranpassung sind in der Regel eine mangelnde Qualität oder Quantität der Trainingsdaten. Aufgrund der hohen Messgenauigkeit des Bahn-Messsystems (siehe Abb. 4.2) und der

Tab. 6.2 Vorhersagefehler der drei untersuchten Netzarchitekturen mit einer Datenaufbereitung mit univariater Spline-Interpolation und Training über die beiden vorderen Arbeitsräume mit leichtem Endeffektor

Modell	mittlerer Vorhersagefehler	maximaler Vorhersagefehler
erinnernd	0,60 mm	8,14 mm
dynamisch	0,45 mm	6,04 mm
Kombination	0,30 mm	2,41 mm

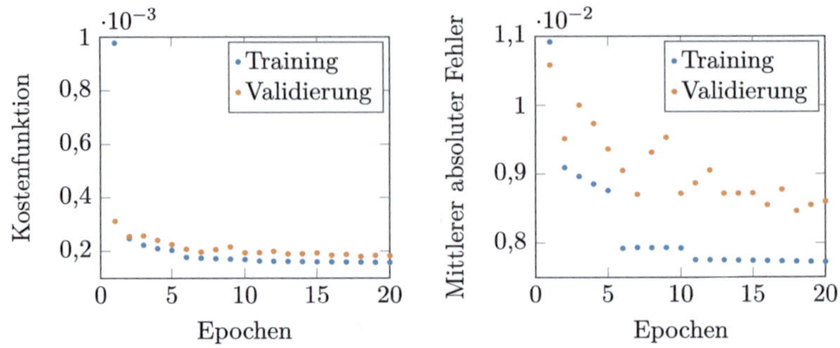

Abb. 6.3 Entwicklung der Kostenfunktion und des mittleren absoluten Fehlers während des Trainings des kombinierten Netzes über die beiden vorderen Arbeitsräume mit leichtem Endeffektor

in Abschnitt 6.1.3 beschriebenen Aufbereitung der Messdaten ist eher von einer mangelnden Quantität auszugehen.

Abbildung 6.4 zeigt, dass das Netz beispielsweise zwischen 50 s und 60 s Schwingungen der Roboterstruktur nicht vorhersagt. Es ist also möglich, dass das Netz das Eigenverhalten des Roboters nicht richtig abbildet. Daher ist es sinnvoll, die Abbildung des Eigenverhaltens genauer zu untersuchen. Da das Netz mit den vorhandenen Trainingsdaten unterangepasst ist, sind für die Abbildung des Eigenverhaltens des Roboters wahrscheinlich deutlich mehr Trainingsdaten nötig.

Die Erweiterung der Trainingsdaten bringt zwei Nachteile mit sich: Ein Nachteil besteht in der durch den gesteigerten Messaufwand verminderten Attraktivität des Ansatzes, insbesondere im Hinblick auf eine industrielle Anwendung. Im Bereich

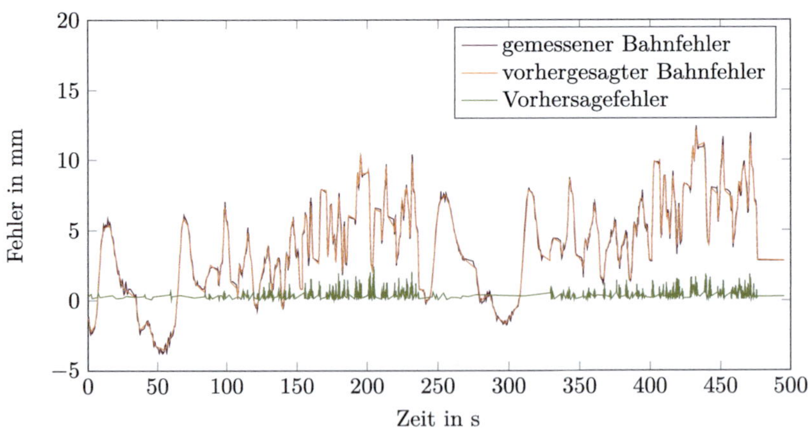

Abb. 6.4 Euklidische Norm des vorhergesagten Bahnfehlers durch das KNN im Validierungsdatensatz für ein Training mit den beiden vorderen Arbeitsräumen mit leichtem Endeffektor

Tab. 6.3 Trainingsparameter für den Trainingsalgorithmus

Trainingsparameter	Ausprägung
Batchgröße	64
Epochen	20
Algorithmus	ADAM
Kostenfunktion	MSE
Lernrate	0,001
Regularisierungstyp	L1
Regularisierungsfaktor	0,000001
Batch-Normalisierung	Aktiv

der Bilderkennung ist es ein verbreiteter Ansatz, nicht für jede neue Erkennungsaufgabe komplett neue Netze zu trainieren. Stattdessen dienen Netze, die bereits für ähnliche Aufgaben trainiert wurden, als Basis für das Training neuer Aufgaben. Dieser Ansatz führt zu einer deutlich verkürzten Trainingsdauer und einem geringeren Bedarf an Trainingsdaten. Übertragen auf die Vorhersage des Bahnfehlers besteht also die Möglichkeit, ein Netz einmal mit einem umfangreichen Datensatz eines Industrieroboters zu trainieren und es anschließend als Basis für das Training anderer Industrieroboter zu nutzen. Es ist zu erwarten, dass für die nachfolgenden Trainings deutlich kleinere Trainingsdatensätze ausreichen. Diese Hypothese muss in künftigen Arbeiten geprüft werden.

Der zweite Nachteil der Erweiterung des Trainingsdatensatzes ergibt sich aus dem größeren Einfluss der Umgebungsbedingungen auf die Messungen bei längeren Messdauern. Die in dieser Arbeit eingesetzten Trainingsdaten wurden alle an einem Messtag aufgezeichnet, damit dieser Einfluss möglichst gering ist. Eine Erweiterung des Umfangs der Messdaten für das Training führt dazu, dass die Trainingsdaten an mehreren Tagen aufgezeichnet werden müssen. Da die Netze auch im unterangepassten Zustand die geforderte Vorhersagegenauigkeit erreichen, ist eine Erweiterung des Umfangs der Trainingsdaten im Rahmen dieser Arbeit nicht notwendig. Für weitergehende Untersuchungen ist es jedoch sinnvoll, den Trainingsdatensatz zu erweitern. Dazu müssten zunächst die Auswirkungen von Umgebungseinflüssen genauer untersucht werden. Die Effekte sich verändernder Umgebungsbedingungen müssen deutlich kleiner sein als der mit den vorhandenen Trainingsdaten erreichte Vorhersagefehler von 300 µm, da sie sonst weitere Genauigkeitssteigerungen verhindern. Wenn die Auswirkungen größer sind, kann es ein Lösungsansatz sein, die Umgebungseinflüsse mit zusätzlichen Sensoren zu messen und in den Inputvektor des KNN aufzunehmen.

Die Trainings-Hyperparameter aller Trainings in der vorliegenden Arbeit sind Ergebnis einer Rastersuche mit dem kombinierten Netz. Rastersuchen für das erinnernde und das dynamische Netz liefern ähnliche Parameter. Zur besseren Vergleichbarkeit nutzen daher alle in dieser Arbeit gezeigten Netze die Trainings-Hyperparameter aus Tabelle 6.3.

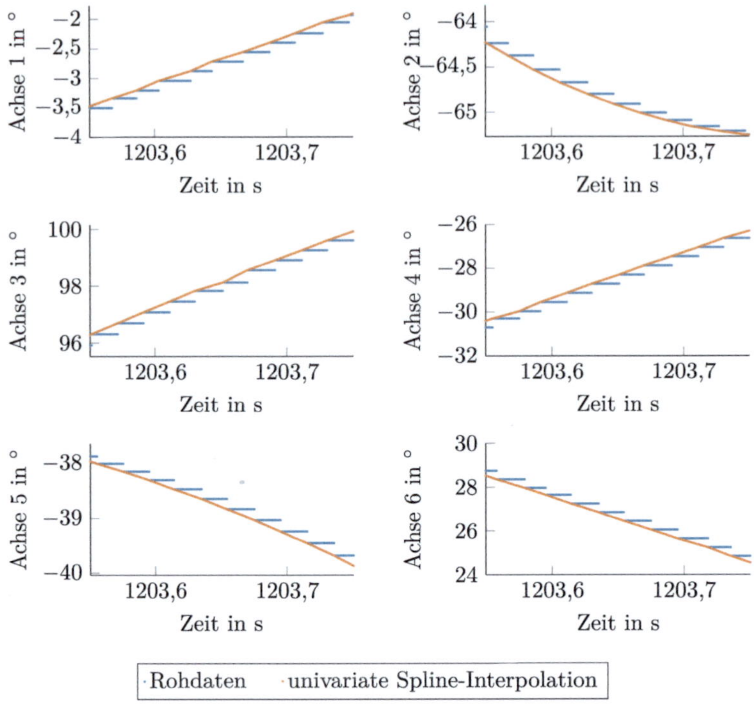

Abb. 6.5 Ausschnitt der Glättung der Soll-Bahn aus Abbildung 6.1

6.1.3 Aufbereitung der Trainingsdaten

Da die Übertragung der Sollwerte von der Robotersteuerung auf die SPS deutlich langsamer erfolgt als der Takt der SPS, haben die Soll-Bahnen in der SPS die Form einer Treppenfunktion (siehe Abb. 6.5). Um eine möglichst hohe Übertragungsfrequenz der Sollwerte zu gewährleisten, überträgt der Roboter lediglich seine Soll-Achswinkel an die SPS. Diese stellen eine datenminimale Beschreibungsform der Soll-Pose dar. Die SPS berechnet aus den Soll-Achswinkeln die kartesische Soll-Pose und anschließend die Soll-Geschwindigkeiten und die Soll-Beschleunigungen durch Ableitungen.

Die Ableitung einer Treppenfunktion führt zu Sprüngen bei der berechneten Geschwindigkeit und Beschleunigung. Damit unterscheiden sich beide stark von den vom Bahninterpolator vorgegebenen Beschleunigungen. Da der Bahninterpolator auch den Ruck der Soll-Bahn berücksichtigt, ist zu erwarten, dass die Soll-Geschwindigkeiten und die Soll-Beschleunigungen stetige Funktionen darstellen. Folglich müssen die Soll-Achswinkel so weit geglättet werden, dass sie zweifach stetig differenzierbar sind. Um die Soll-Pose in den Achswinkeln und in ihrer kartesischen Beschreibungsform identisch zu halten, werden zunächst die Achswinkel geglättet und anschließend die kartesische Pose mit der direkten Kinematik berechnet und zweifach differenziert.

Bei der Glättung besteht ein Zielkonflikt. Eine zunehmende Glattheit führt zu einer besseren Differenzierbarkeit, aber auch zu einer zunehmenden Veränderung der ursprünglichen Datenreihe. Da jeweils nur nach einem Sprung in den Sollwerten neue Informationen vorliegen, ist es sinnvoll, nur diese Zeitschritte auszuwerten und zwischen diesen zu interpolieren. Eine Interpolation mit kubischen univariaten Splines ist in der Lage, aus diesen Stützstellen eine gute Approximation der Roboter-Soll-Bahn zu bestimmen. Der Einsatz kubischer Splines stellt dabei die zweifache Differenzierbarkeit sicher. Die Nutzung univariater Splines erlaubt es, die Abbildung während Richtungswechseln der Roboterbahnbewegung durch Gewichtungsfaktoren zu verbessern.

Abbildung 6.5 zeigt die Rohdaten der sechs Soll-Achswinkel und die durch die Spline-Interpolation geglätteten Achswinkel. Es ist deutlich zu erkennen, dass diese ein Signal erzeugen, welches sich zum einen durch eine große Glattheit und zum anderen durch eine geringe Abweichung von den Rohdaten auszeichnet. Damit stellt die Spline-Interpolation eine geeignete Methode dar, die maximale Leistungsfähigkeit der Vorhersage des Bahnfehlers mit KNN zu bestimmen. Im Echtzeitbetrieb ist keine Interpolation möglich, da die jeweils nächste Stützstelle nicht bekannt ist. Daher wird die Leistungsfähigkeit echtzeitfähiger Glättungsmethoden in Abschnitt 6.1.5 diskutiert.

6.1.4 Lokale oder globale Modellierung durch das künstliche neuronale Netz

Die in Abschnitt 6.1.2 beschriebene Struktur des Netzes ist so gestaltet, dass das Netz durch seinen Eingangsvektor in der Lage ist, die wichtigsten Effekte, die zu Bahnfehlern führen, abzubilden. Dieser Abschnitt erörtert die Frage, ob das Netz eine globale oder eine lokale Abbildung des Bahnfehlers darstellt. Eine globale Beschreibung des Bahnfehlers bedeutet, dass das Netz in der Lage ist, alle Effekte, die zu relevanten Bahnfehlern führen, im gesamten Arbeitsraum des Roboters zu beschreiben. Damit genügt ein Netz zur Modellerweiterung des Roboters. Es besteht auch die Möglichkeit, dass das Netz nur eine lokale Beschreibung des Bahnfehlers darstellt. In diesem Fall muss der Arbeitsraum des Roboters in Teilarbeitsräume aufgeteilt werden, für die jeweils eigene Netze trainiert werden. Wenn zusätzliche Unstetigkeiten im Übergang zwischen den Teilarbeitsräumen vermieden werden können, sind auch lokale Modellierungen mit dem KNN dazu geeignet, die Bahngenauigkeit des Roboters im gesamten Arbeitsraum zu steigern. Für den Einsatz der Netze ist eine globale Abbildung zu bevorzugen, weil davon auszugehen ist, dass diese den Bahnfehler auf Basis des physikalischen Verhaltens vorhersagen und damit eine bessere Generalisierungsfähigkeit aufweisen als lokale Netze. Da sich der Bahnfehler durch höhergradige trigonometrische Polynome beschreiben lässt [Zho95,

S. 96], ist bei lokalen Netzen davon auszugehen, dass diese lediglich Polynome abbilden, was zu einer begrenzten Generalisierungsfähigkeit führt.

Um festzustellen ob die KNN den Bahnfehler lokal oder global abbilden, werden im folgenden Abschnitt verschiedene Kombinationen der 24 Teildatensätze untersucht und miteinander verglichen. Netze, die mit einem Arbeitsraum trainiert und mit einem anderen, überlappenden Arbeitsraum validiert werden, zeigen im Validierungsdatensatz etwa den doppelten Vorhersagefehler in Vergleich zu Netzen, die dieselben Arbeitsräume für das Training und die Validierung nutzen. Netze, die einen vorderen Arbeitsraum für das Training und einen rechten Arbeitsraum für die Validierung nutzen, zeigen eine Verzehnfachung des Vorhersagefehlers. Diese schlechte Generalisierungsfähigkeit der Netze lässt zunächst eine lokale Approximation vermuten. Dagegen spricht, dass alle Eingangsvektoren in dieser Arbeit zwischen 0 und 1 skaliert sind, um für den Trainingsalgorithmus möglichst steile Gradienten zu erzeugen. Die Verschlechterung der Vorhersagegenauigkeit in den Generalisierungsexperimenten kann damit auch auf die größeren Arbeitsräume zurückzuführen sein, da der Lernalgorithmus als Gradientenabstiegsverfahren durch die geringere Steilheit negativ beeinflusst wird.

Die Abbildung des Bahnfehlers durch die Netze kann anhand der Abbildungen 6.6 und 6.7 weiter untersucht werden. Sie zeigen den maximalen und den mittleren Fehler während der Trainings mit identischen Trainingsdaten. Da diese Kennwerte bei

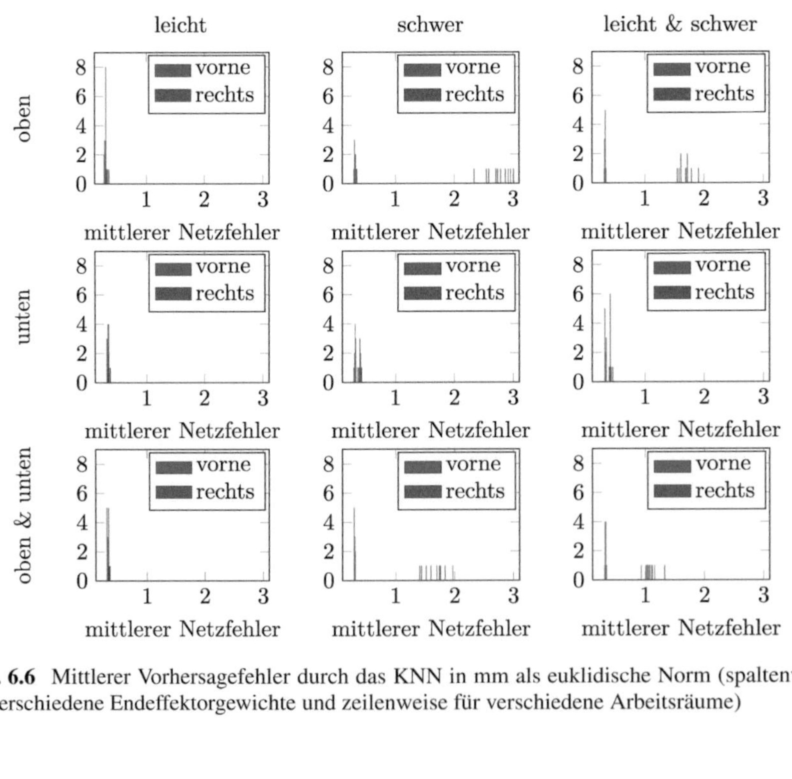

Abb. 6.6 Mittlerer Vorhersagefehler durch das KNN in mm als euklidische Norm (spaltenweise für verschiedene Endeffektorgewichte und zeilenweise für verschiedene Arbeitsräume)

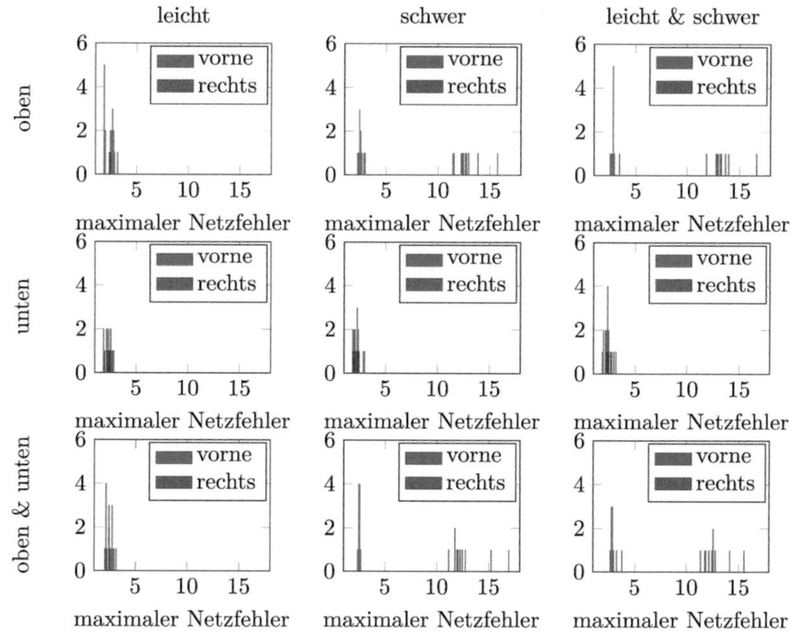

Abb. 6.7 Maximaler Vorhersagefehler durch das KNN in mm als euklidische Norm (spaltenweise für verschiedene Endeffektorgewichte und zeilenweise für verschiedene Arbeitsräume)

wiederholten Trainings mit identischen Trainingsdaten teilweise deutlich streuen, zeigen die Abbildungen Histogramme der Kennwerte aus jeweils 10 Trainings. Die Streuung kann auf die Unteranpassung der Netze zurückgeführt werden. Die Abbildungen zeigen verschiedene Kombinationen aus Arbeitsräumen und Endeffektorgewichten. Die Trainings- und Validierungsdatensätze stammen aus demselben Ausgangsdatensatz. Die rechten und vorderen Arbeitsräume werden zunächst unabhängig voneinander untersucht. Die Histogramme unterscheiden sich zeilenweise durch die genutzten Arbeitsräume; spaltenweise unterscheiden sie sich durch das Endeffektorgewicht.

Die erste Spalte der Abbildungen 6.6 und 6.7 zeigt, dass sich die Leistungsfähigkeit der Bahnfehlervorhersage in den vorderen und rechten Arbeitsräumen in der leichten Endeffektorkonfiguration nicht unterscheidet. Weiterhin macht es keinen deutlichen Unterschied, ob der obere, der untere oder beide Arbeitsräume gemeinsam für das Training genutzt werden. Der mittlere Vorhersagefehler beträgt 0,3 mm.

Die zweite Spalte zeigt, dass die schwere Endeffektorkonfiguration in den rechten Arbeitsräumen zu schlechteren Vorhersageergebnissen führt. Der Vergleich der ersten mit der zweiten Spalte zeigt, dass im Arbeitsraum vorne rechts oben ein Effekt auftreten muss, welcher nicht vom KNN vorhergesagt wird und durch den sich der Vorhersagefehler deutlich erhöht. Spalte drei bestätigt diese Beobachtung, da

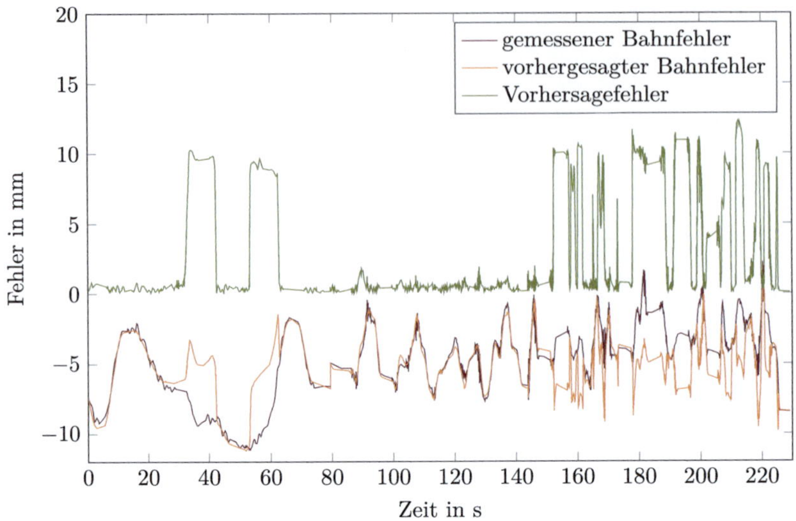

Abb. 6.8 Euklidische Norm des vorhergesagten Bahnfehlers durch das KNN im Validierungsdatensatz für ein Training mit dem oberen rechten Arbeitsraum und schwerem Endeffektor

auch hier in allen Trainingsdatensätzen, die den Arbeitsraum „rechts oben schwer“ enthalten, die Fehler deutlich größer sind.

Abbildung 6.8 zeigt den Validierungsdatensatz für den rechten oberen Arbeitsraum mit schwerem Endeffektor. Insbesondere im Vergleich mit Abbildung 6.4 ist deutlich zu erkennen, dass das KNN in einigen Bereichen einen Vorhersagefehler aufweist, der um den Faktor 20 größer ist als dessen Median. Es ist also festzustellen, dass die Generalisierungsfähigkeit des KNN nicht dazu ausreicht, die auftretenden Effekte vorherzusagen. Der Modellierungsfehler korreliert mit keiner der Eingangsgrößen des KNN, wenn diese einzeln betrachtet werden.

Die Generalisierungsfähigkeit eines KNN kann durch eine Vergrößerung des-Trainingsdatensatzes verbessert werden [Rei+18, S. 81]. Daher ist es möglich, dass das KNN im Falle einer Erweiterung des Trainingsdatensatzes auch den Bahnfehler im rechten oberen Arbeitsraum mit schwerem Endeffektor mit der geforderten Genauigkeit vorhersagen kann. Ein weiteres Argument für eine Erweiterung des Trainingsdatensatzes ist die beobachtete Unteranpassung des KNN. Es ist davon auszugehen, dass eine Erweiterung des Trainingsdatensatzes die Anpassung des KNN verbessert und damit den Vorhersagefehler senken würde. Wie in Abschnitt 6.1.2 beschrieben wird, ist eine Erweiterung der Trainingsdatensätze ohne eine weitere Untersuchung der Umgebungseinflüsse auf die Bahngenauigkeit nicht sinnvoll. Da die grundlegenden Prinzipien der Modellerweiterung mit KNN auch mit den Datensätzen aus den vorderen Arbeitsräumen untersucht werden können, erfolgt im Rahmen dieser Arbeit keine Erweiterung des Trainingsdatensatzes.

Da die Kombination verschiedener Arbeitsräume mit unterschiedlichen Endeffektorgewichten den Bahnfehler immer besser oder zumindest genauso gut wie der am schlechtesten vorhergesagter Teilarbeitsraum vorhersagt, ist davon auszugehen, dass KNN dazu geeignet sind, den Bahnfehler eines Roboters global zu modellieren. Um diese Hypothese zu prüfen, zeigt Abbildung 6.9 die Trainingsergebnisse, wenn die rechten und die vorderen Arbeitsräume als Trainingsdatensatz kombiniert werden. Diese Trainingsergebnisse zeigen, dass eine Kombination der vorderen und rechten Arbeitsräume für die leichte Endeffektorkonfiguration denselben mittleren Vorhersagefehler erreicht wie das Training nur vorne oder nur rechts. Der maximale Vorhersagefehler steigt hingegen leicht an. Sobald die Trainingsdaten die schwere Endeffektorkonfiguration enthalten, steigt der Vorhersagefehler deutlich. Dies lässt sich auf die nicht modellierten Effekte aus dem Datensatz „rechts oben schwer" zurückführen.

Zusammenfassend ist davon auszugehen, dass KNN in der Lage sind, den Bahnfehler eines Roboters global zu beschreiben. Im vorderen rechten Arbeitsraum mit schwerer Endeffektorkonfiguration treten sehr große Vorhersagefehler auf, die keiner Ursache zugeordnet werden können. Da die KNN durch eine zu geringe Anzahl an Trainingsdaten unterangepasst sind, besteht die Möglichkeit, dass eine Erweiterung des Trainingsdatensatzes diesen Vorhersagefehler vermindern würde. Aufgrund verschiedener Nachteile, die sich durch eine Erweiterung des Trainingsdatensatzes ergeben würden, und da alle weitergehenden Untersuchungen dieser Arbeit auch mit den vorderen Datensätzen durchgeführt werden können, erfolgt keine Erweiterung des Trainingsdatensatzes.

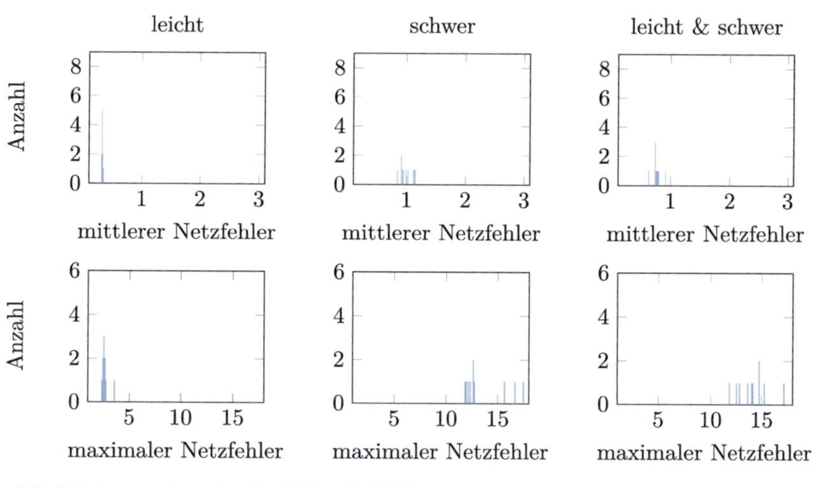

Abb. 6.9 Mittlerer und maximaler Fehler des KNN über alle Arbeitsräume, alle Geschwindigkeiten und verschiedene Endeffektorgewichte, mit Aufbereitung durch univariate Splines trainiert

6.1.5 Leistungsfähigkeit bei echtzeitfähiger Datenaufbereitung

Im Echtzeitbetrieb ist die in den bisherigen Untersuchungen eingesetzte Spline-Interpolation zur Glättung der Sollwerte nicht mehr anwendbar.

Alternativen stellen die lineare Extrapolation, eine Filterung oder aber der Verzicht auf die Glättung der Sollwerte dar. Die lineare Extrapolation ist dabei der Spline-Interpolation ähnlich. Filter sind in der Technik weitverbreitet, was sie zu einem erprobten Ansatz zur Glättung von Signalen macht. Hinter dem Verzicht auf eine Glättung steht die Annahme, dass KNN auch ohne eine zusätzliche Glättung in der Lage sind, den Bahnfehler des Roboters vorherzusagen. Abbildung 6.10 zeigt den Einfluss der verschiedenen Glättungsmethoden auf die Soll-Bahn. Um den Einfluss auf die Vorhersage des Bahnfehlers bewerten zu können, zeigt Abbildung 6.11 die Trainingsergebnisse von jeweils 10 trainierten Netzen mit den verschiedenen Glättungsmethoden. Als Trainingsdatensatz dienen die beiden vorderen Arbeitsräume mit leichtem Endeffektor.

Zunächst ist zu erkennen, dass die Hypothese, das KNN wäre in der Lage, den Bahnfehler auch ohne eine Aufbereitung vorherzusagen, nicht bestätigt werden kann. Der mittlere Vorhersagefehler steigt durch einen Verzicht auf die Glättung um den Faktor 3 und der maximale Vorhersagefehler um den Faktor 5. Es ist also zwingend notwendig, die Sollwerte zu glätten.

Die lineare Extrapolation nutzt, genauso wie die Spline-Interpolation, nur die Sprungstellen in den Sollwerten. Durch die letzten beiden Sollwerte legt sie eine Gerade und extrapoliert damit die jeweils aktuellen Sollwerte aus den vergangenen. Dieser Ansatz führt zwangsläufig zu Sollwertsprüngen. Diese sind jedoch bei langsamen Geschwindigkeiten deutlich kleiner als die Sprünge in den Rohdaten. Bei

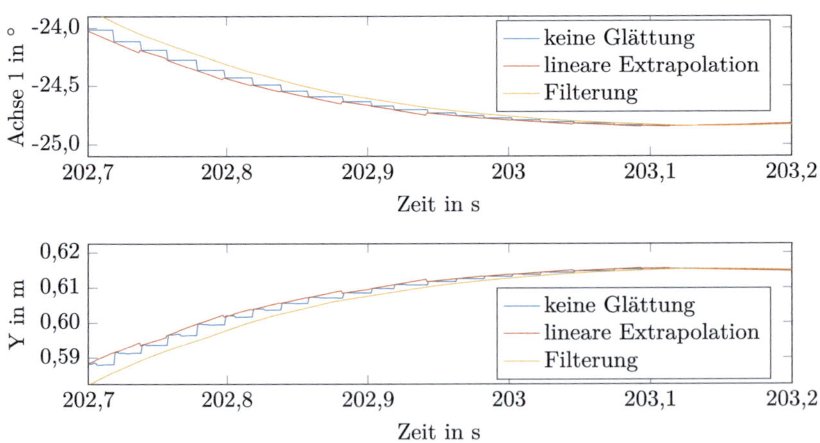

Abb. 6.10 Einfluss der verschiedenen Glättungsvarianten auf die Soll-Bahn im Validierungsdatensatz

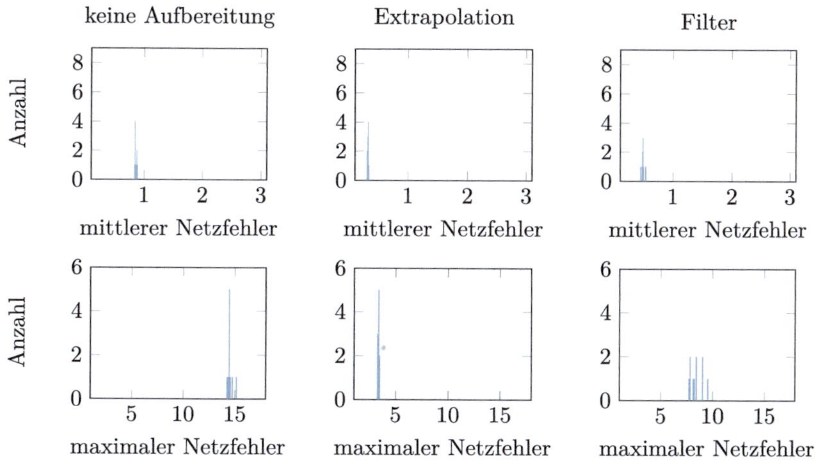

Abb. 6.11 Vorhersagefehler im Validierungsdatensatz für verschiedene Aufbereitungsmethoden in beiden vorderen Arbeitsräumen mit leichtem Endeffektor

hohen Achswinkelgeschwindigkeiten besteht die Gefahr, dass die Extrapolation die Sollwertsprünge noch verstärkt. In den Experimenten führt die lineare Extrapolation zu einer Verschlechterung des mittleren Vorhersagefehlers von 0,3 mm auf 0,32 mm und des maximalen Vorhersagefehlers von 2,8 mm auf 3,3 mm im Vergleich mit der Spline-Interpolation. Damit erfüllt die Extrapolation exakt die Mindestanforderung der zweiten Forschungshypothese an die Bahngenauigkeit. Die lineare Extrapolation ist also in der Lage, bis zu einer Geschwindigkeit von $0{,}8\,\frac{\text{m}}{\text{s}}$ ausreichend glatte Soll-Bahnen zu erzeugen. Es ist jedoch im Einsatz der mobilen Roboter mit deutlich höheren Bahngeschwindigkeiten zu rechnen. Das Ablegen von vorimprägnierten Faserhalbzeugen beispielsweise wird aktuell mit Geschwindigkeiten von bis zu $3\,\frac{\text{m}}{\text{s}}$ erforscht [DSW16]. Daher besteht das Risiko, dass bei diesen hohen Geschwindigkeiten große Sprünge in den Sollwerten den Vorhersagefehler deutlich erhöhen.

Der dritte Ansatz ist die Nutzung von Filtern zur Glättung der Soll-Achswinkel. Zum Einsatz kommen digitale Butterworth-Filter zweiter Ordnung mit einer Grenzfrequenz von 10 Hz. Bei diesen Parametern erzeugen die Filter zweifach stetig differenzierbare Sollwerte. Sie führen allerdings auch zu einem Phasenverzug. Insgesamt führt die Filterung zu einer Verschlechterung des mittleren Vorhersagefehlers von 0,3 mm auf 0,48 mm und des maximalen Vorhersagefehlers von 2,8 mm auf 8,5 mm.

6.1.6 Bewertung der Eignung künstlicher neuronaler Netze zur Vorhersage des Bahnfehlers

Künstliche neuronale Netze sind in der Lage, den Bahnfehler eines auf einer mobilen Plattform montierten Industrieroboters mit einer mittleren Vorhersagegenauigkeit von 0,30 mm für die vorderen Arbeitsräume vorherzusagen. Im untersuchten oberen rechten Arbeitsraum treten bei der schweren Endeffektorkonfiguration Effekte auf, die zu Bahnfehlern führen, welche vom KNN nicht abgebildet werden und damit zu große Vorhersagefehler bedingen. Weiterhin weisen die Vorhersagefehler eine breite Streuung mit einem maximalen Fehler von 2,8 mm auf. Bei einer echtzeitfähigen Datenaufbereitung steigt der Vorhersagefehler noch an. Mit einer Extrapolation erreichen die KNN einen mittleren Vorhersagefehler von 0,32 mm. Filter führen zu einem mittleren Vorhersagefehler von 0,48 mm.

Damit ist die erste Hälfte der zweiten Forschungshypothese nur eingeschränkt bestätigt: Künstliche neuronale Netze sind dazu geeignet, den Bahnfehler eines Industrieroboters auf einer mobilen Plattform in einigen Bereichen seines Arbeitsraums mit der geforderten mittleren Vorhersagegenauigkeit von 0,32 mm vorherzusagen. Da die untersuchten Netze unterangepasst sind, ist es wahrscheinlich, dass die Vorhersagegenauigkeit mit zusätzlichen Trainingsdaten in Folgeuntersuchungen gesteigert werden und damit im gesamten Arbeitsraum des Roboters eine Vorhersagegenauigkeit <0,32 mm erreicht werden könnte.

6.2 Steigerung der Bahngenauigkeit durch Modellerweiterung mittels künstlichen neuronalen Netzen

Nach der Untersuchung der Leistungsfähigkeit des KNN zur Vorhersage der Bahnabweichung des Roboters im vorherigen Abschnitt konzentriert sich dieser Abschnitt auf die experimentelle Erprobung des KNN zur Steigerung der Bahngenauigkeit. Die Erprobung der Modellerweiterung erlaubt die Prüfung der zweiten Hälfte der zweiten Forschungshypothese. Der Abschnitt beginnt mit der Untersuchung der Fähigkeit der SPS, das KNN in Echtzeit zu berechnen und somit den Bahnfehler des Roboters vorherzusagen. Anschließend erfolgt die Untersuchung der Modellerweiterung durch das KNN, indem der vorhergesagte Bahnfehler dazu genutzt wird, die Bahn des Roboters zu korrigieren. Der Abschnitt zeigt, dass der Ansatz vielversprechend ist, aber noch nicht sein volles Potenzial ausschöpft, da die Generalisierungsfähigkeit des Netzes nicht ausreicht, um sich auf die zwischen Training und Experiment veränderten Soll-Bahnen einzustellen.

Die Erprobung des KNN auf der SPS erfolgt mit einem Netz, das mit Bahnmessungen aus den beiden vorderen Arbeitsräumen mit der leichten Endeffektorkonfiguration trainiert worden ist. Die rechten Arbeitsräume werden wegen der in Abbildung 6.8 gezeigten großen Vorhersagefehler ausgeschlossen. Da das Training

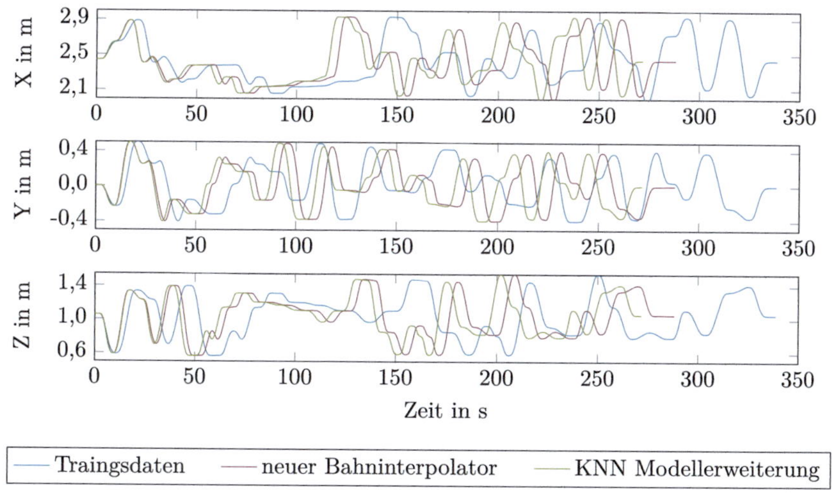

Abb. 6.12 Mit der SPS aufgezeichnete Soll-Bahnen der unterschiedlichen Datensätze im Arbeitsraum vorne oben mit $0{,}2\ \frac{\mathrm{m}}{\mathrm{s}}$

in allen Kombinationen der vorderen Arbeitsräume zu ähnlichen Ergebnissen führt, reicht es, die Erprobung nur an einem Trainingsdatensatz durchzuführen.

Die Trainingsdaten setzen sich aus den Kuka-Bewegungsarten LIN und CIRC, für lineare Bahnen und Kreisbahnen, zusammen. Um die Vorhersageergebnisse des KNN mit dem RSI-Interface zur Bahnkorrektur einsetzen zu können, müssen die Bewegungsarten SLIN und SCIRC eingesetzt werden. Diese unterscheiden sich dadurch, dass dabei Splines zur Bahninterpolation genutzt werden. Die Stützstellen zur Bahninterpolation sind für beide Bahninterpolationsarten identisch.

Abbildung 6.12 zeigt, dass sich die Soll-Bahnen der Trainingsdaten deutlich von denen der Experimente zur Erprobung des KNN unterscheiden. Die Bahnbewegungen mit der Spline-Bahninterpolation und ausgeschalteter Modellerweiterung sind trotz identischer Stützstellen deutlich schneller. Die Datensätze sind je nach Soll-Bahn-Geschwindigkeit und Einsatz der Modellerweiterung 15 % bis 20 % kürzer, wobei die Bahnen mit eingeschalteter Modellerweiterung bei gleicher Bahn-Soll-Geschwindigkeit etwas schneller sind als die Bahnen mit ausgeschalteter Modellerweiterung.

6.2.1 Vorhersage des Bahnfehlers auf der SPS

Da das Training der künstlichen neuronalen Netze offline auf einem PC stattfindet, muss die SPS im Echtzeitbetrieb lediglich das KNN berechnen. Diese Berechnung setzt sich in erster Linie aus Matrixmultiplikationen zusammen und muss in jedem

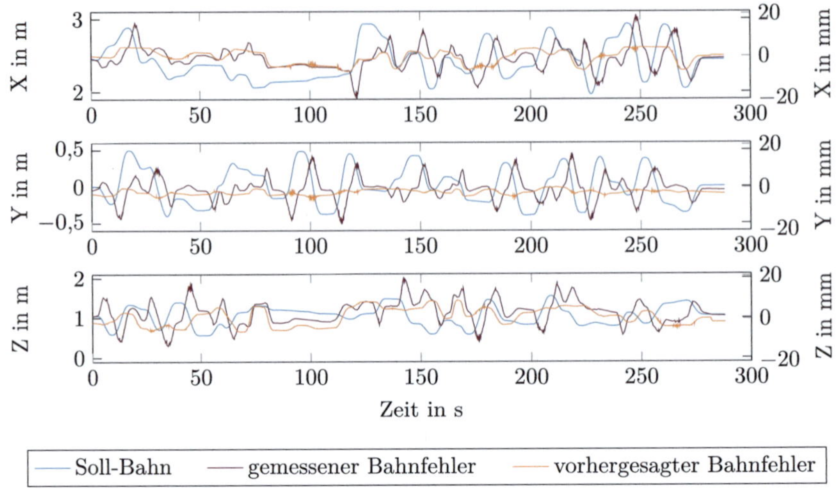

Abb. 6.13 Vorhersage des Bahnfehlers durch ein auf der SPS berechnetes KNN für eine Zufallsbahn im vorderen, oberen Arbeitsraum bei $0{,}2\,\frac{\mathrm{m}}{\mathrm{s}}$. (beide vorderen Arbeitsräumen und mit leichtem Endeffektor als Trainingsdaten, Datenaufbereitung durch Filterung, Soll-Bahn auf linker Ordinate und Bahnfehler auf rechter Ordinate)

IPO-Takt berechnet werden. Die Netze sind ausreichend klein, um von der eingesetzten SPS[4] zuverlässig in der vorgegebenen Zykluszeit von 1 ms berechnet zu werden, ohne die CPU-Last dabei deutlich zu erhöhen. Das gesamte SPS-Programm zur Bahnmessung und Modellerweiterung läuft auf einem Kern der SPS. Es besteht also die Möglichkeit, die Berechnung des Netzes auf einen eigenen Kern auszulagern, wenn Folgeuntersuchungen zeigen, dass größere Netze notwendig sind. Abbildung 6.13 zeigt den gemessenen und den vorhergesagten Bahnfehler im Arbeitsraum vorne oben. Dabei nutzt der Roboter den Spline-Bahninterpolator und die Stützstellen des Trainingsdatensatzes, um die Soll-Bahn zu erzeugen. Während der Bahnbewegung berechnet die SPS mit dem KNN den Bahnfehler, ohne ihn zur Bahnkorrektur zurück an die Robotersteuerung zu übertragen.

Es ist deutlich zu erkennen, dass das Netz den Bahnfehler systematisch zu niedrig vorhersagt und die Unterschätzungen häufig während Phasen hoher Beschleunigung auftreten. Es werden lediglich die Ergebnisse für eine Glättung der Sollwerte mit Filtern dargestellt. Tabelle 6.4 zeigt, dass sich die Bahnvorhersage zwischen den Glättungsvarianten nicht wesentlich unterscheidet. Im Maßstab der Abbildung 6.13 sind keine Unterschiede zwischen den verschiedenen Glättungsansätzen zu erkennen. Da Filter in der Technik weiter verbreitet sind als Extrapolationen und die gefilterten Signale ein stetiges Signal bilden, werden im Folgenden nur noch Ergebnisse aus Experimenten mit Filterung betrachtet.

[4] Beckhoff CX2030-0125 mit Intel Core i7 2610UE 1,5 GHz.

Tab. 6.4 Durchschnittlicher und maximaler Vorhersagefehler, online mit SPS berechnet, für verschiedene Glättungsmethoden

	Filter		Extrapolation		keine Glättung	
	mittlerer	maximaler	mittlerer	maximaler	mittlerer	maximaler
$0{,}2\ \frac{m}{s}$	8,0 mm	21,6 mm	7,7 mm	21,9 mm	7,4 mm	21,0 mm
$0{,}5\ \frac{m}{s}$	15,8 mm	54,7 mm	15,3 mm	56,8 mm	14,7 mm	53,6 mm
$0{,}8\ \frac{m}{s}$	23,0 mm	96,3 mm	22,5 mm	97,1 mm	21,3 mm	90,2 mm

Ein Vergleich der online berechneten Vorhersagefehler aus Tabelle 6.4 mit den in Abbildung 6.11 gezeigten offline berechneten Vorhersagefehlern zeigt, dass der Modellierungsfehler des KNN auf der SPS deutlich größer ist als der Modellierungsfehler in den Offline-Experimenten. Da das auf der SPS berechnete KNN identisch zum offline untersuchten Netz ist, stellt sich die Frage nach den Ursachen dieser Abweichung.

Die Verschlechterung der Vorhersage des Bahnfehlers in den Experimenten geht mit einer deutlichen Vergrößerung des Bahnfehlers durch die Spline-Bahninterpolation einher. Die ersten beiden Spalten von Abbildung 6.16 zeigen diese deutliche Zunahme zwischen den gemessenen Trainingsdaten und den Bahnen mit ausgeschalteter Modellerweiterung und Spline-Bahninterpolator. Abbildung 6.14 zeigt, dass der Vorhersagefehler stark mit der Zunahme des Bahnfehlers durch die Spline-Bahninterpolation korreliert. Es ist also davon auszugehen, dass die Verschlechterung in der Vorhersagegüte in erste Linie durch die Zunahme des Bahnfehlers entsteht.

Die Zufallsbahnen starten und enden jeweils mit einem programmierten Stillstand an einer Pose (siehe Abschn. 5.1 und 6.1.1). Abbildung 6.15 zeigt den kartesischen Bahnfehler während einer dieser programmierten Stillstände für die Trainingsdaten. Die Messdaten zeigen, dass es sich bei der Erhöhung des Bahnfehlers in den Versuchen mit der Spline-Bahninterpolation nicht um einen Messfehler handeln kann, da die Bahnfehler mit den in Abbildung 5.10 gezeigten Positionsfehlern übereinstimmen und sich am Anfang und am Ende der Zufallsbahnen nicht unterscheiden.

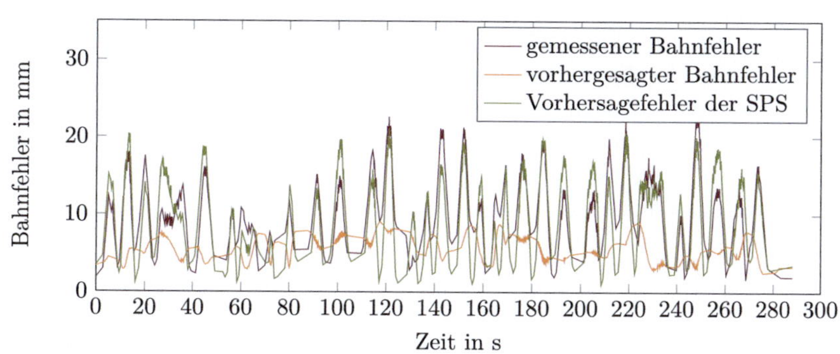

Abb. 6.14 Gemessener Bahnfehler, Vorhersage des Bahnfehlers durch die SPS und Vorhersagefehler für den Arbeitsraum vorne oben bei $0{,}2\ \frac{m}{s}$ als euklidische Norm

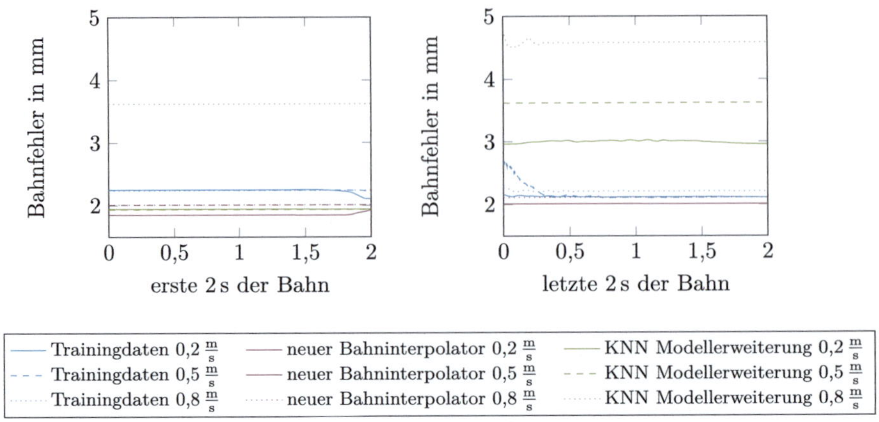

Abb. 6.15 Bahnfehler für alle Zufallsbahnen „vorne oben leicht" zu Beginn und zu Ende der Zufallsbahnen

Ein Verzählen der Interferometer würde zu einer Drift des Bahnfehlers führen. Damit weist die deutliche Steigerung des Bahnfehlers darauf hin, dass sich mindestens eine Eigenschaft des Roboters zwischen der Aufnahme der Trainingsdaten und der Erprobung der KNN auf der SPS verändert haben muss.

Die in Abschnitt 5.2 bestimmte thermische Drift in Höhe von $9{,}7\ \frac{\mu m}{K}$ ist deutlich zu klein, als dass ein anderer thermischer Gleichgewichtszustand die Verschlechterung der Vorhersagegüte erklären könnte. Auch die Umgebungseinflüsse auf das Messsystem sind in ihrer Größenordnung nicht groß genug, um ursächlich für den beobachteten Fehler zu sein (siehe Tab. 5.2). Einen weiteren negativen Einfluss auf die bestimmte Bahngenauigkeit kann die in Abschnitt 4.3.1 beschriebene Rekonstruktion des Sollwerts haben. In den Experimenten ohne eine Beeinflussung der Soll-Bahn ist jedoch von einem vernachlässigbaren Effekt auszugeben, da der Korrekturvektor in diesen Experimenten null ist. Auch die Totzeitglieder, Filter und weiteren Datenverarbeitungsschritte auf der SPS führen nur zu einer geringen Phasenverschiebung. Abschnitt 5.4 zeigt in den Versuchen zur Bahnregelung, dass diese Effekte bis zu einer Geschwindigkeit von $0{,}2\ \frac{m}{s}$ keinen wesentlichen Einfluss auf die Bahnregelung haben. Damit ist davon auszugehen, dass der Versuchsaufbau die gemessenen Bahnen nicht verfälscht – zumal die Trainingsdaten auch mit der SPS aufgezeichnet wurden und somit in gleicher Weise von der SPS beeinflusst werden. Folglich bleiben noch Veränderungen in der Soll-Bahn als mögliche Ursache für die Verschlechterung der Bahnfehlervorhersage. Die Veränderung im Überschleifverhalten, die durch die Spline-Bahninterpolation zu erwarten ist, führt zwar zu Veränderungen der Soll-Bahn beider Bahninterpolationsarten, aber nicht zwangsläufig zu den großen Unterschieden der Bahnfehler. Da der Spline-Bahninterpolator dieselben Stützstellen nutzt wie der in den Trainingsdaten eingesetzte Bahninterpolator, können die kürzeren Bahndauern nur durch größere Beschleunigungen oder höhere Geschwindigkeiten und damit längere Beschleunigungen auftreten. Entsprechend ist es wahrscheinlich, dass die Änderung im Beschleunigungsverhalten eine maßgebliche Ursache für den veränderten Bahnfehler ist. Dies ist plausibel, da stärkere Beschleunigungen zu größeren Trägheitskräften und damit zu größeren Verformungen der Gelenke und Glieder führen. Weil zwischen der Aufnahme der Trainingsdaten und der experimentellen Erprobung der Modellerweiterung ein Jahr liegt, können auch Alterungsprozesse oder Änderungen in den Umgebungsbedingungen einen Einfluss auf die Veränderung des Bahnfehlers haben. Aufgrund der Größe der Veränderung ist dennoch davon auszugehen, dass die Änderung des Bahninterpolators die maßgebliche Ursache für die Zunahme des Bahnfehlers ist.

Da Kuka die genauen Unterschiede zwischen den beiden genutzten Bahninterpolationsarten nicht öffentlich dokumentiert, ist es sinnvoll, für Folgeuntersuchungen die Einflüsse der Bahninterpolation auf den Bahnfehler genauer zu untersuchen. Wenn die KNN das vollständige kinematische und mechanische Verhalten des Roboters lernen, ist zu erwarten, dass die Vorhersagegüte nicht vom Bahninterpolator beeinflusst wird. Damit ist eine der zweiten Forschungshypothese zugrunde liegende Annahme widerlegt: Das betrachtete Netz ist nicht in der Lage, das dynamische Verhalten der Roboterstruktur abzubilden, genauer gesagt nutzt es Eigenschaften des Bahninterpolators, um dieses vorherzusagen. In Abbildung 6.13 zeigt der Bereich zwischen 80 s und 115 s für die X-Koordinate eine gute Übereinstimmung zwischen dem vorhergesagten und dem gemessenen Bahnfehler. Aufgrund der Dauer und der großen Bewegungen in Y-Richtung während dieser Zeit ist eine zufällige Übereinstimmung zwischen dem Bahnfehler und dessen Vorhersage unwahrscheinlich. Es ist also grundsätzlich möglich, den Bahnfehler im Echtzeitbetrieb mit einer geringen Abweichung vorherzusagen und dabei zwischen Training und Erprobung den Bahninterpolator zu wechseln. Dies lässt die Hypothese zu, dass die Vorhersage des Bahnfehlers durch KNN beim Einsatz verschiedener Bahninterpolatoren möglich ist, wenn in den Trainingsdaten neben den Stützpunkten und Bahnarten weitere Parameter, etwa Beschleunigung, Ruck und Überschleifparameter, berücksichtigt werden. Mit dieser Anpassung ist es wahrscheinlich, dass KNN über ein breites Spektrum von Soll-Bahnen hinweg in der Lage sind, den Bahnfehler in Echtzeit und mit dem geforderten mittleren Vorhersagefehler von 0,32 mm vorherzusagen. Um diese zusätzlichen Variationen der Bahnparameter in die Trainingsdaten aufzunehmen, ist eine deutliche Erweiterung des Trainingsdatensatzes notwendig. Abschnitt 6.1.2 und insbesondere Abbildung 6.3 zeigen, dass eine Erweiterung der Trainingsdaten wahrscheinlich zu einer Verbesserung der Vorhersagegüte des Netzes führt. Damit ist es für Folgearbeiten sehr sinnvoll, die Trainingsdaten zu erweitern.

6.2.2 Bewertung der Leistungsfähigkeit der Modellerweiterung

Da das KNN den Bahnfehler systematisch zu gering vorhersagt (siehe Abb. 6.14), ist zunächst keine deutliche Verbesserung der Bahngenauigkeit durch die Modeller-

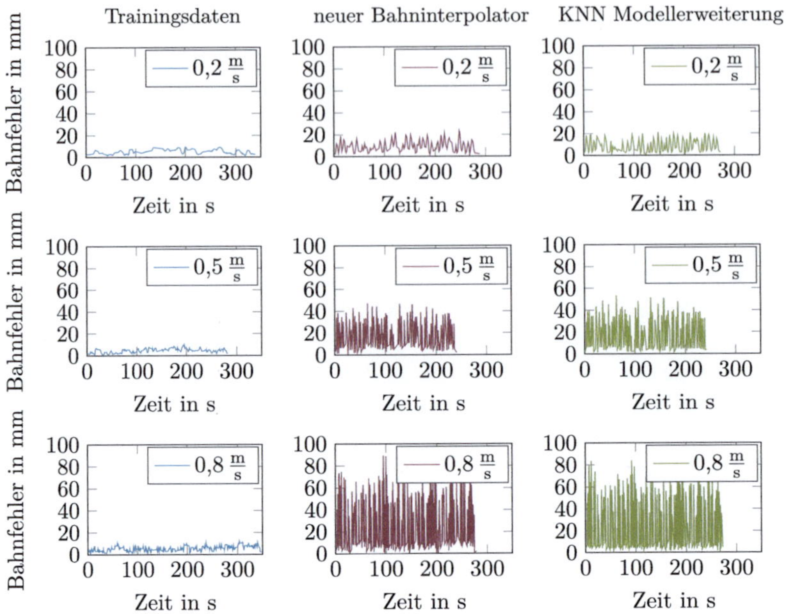

Abb. 6.16 Vergleich der Bahnfehler der Trainingsdaten, der Bahnmessungen mit dem neuen Bahninterpolator und der Modellerweiterung

weiterung zu erwarten. Abbildung 6.16 zeigt in der ersten Spalte den Bahnfehler aus dem Traingsdatensatz, die zweite Spalte zeigt den gemessenen Bahnfehler mit ausgeschalteter Modellerweiterung und Spline-Bahninterpolation, die dritte den Bahnfehler, der durch den Einsatz des KNN zur Modellerweiterung erreicht wird. Diese Zeitdaten zeigen bei der Modellerweiterung keine Verbesserung der Bahngenauigkeit gegenüber der Spline-Interpolation.

Die Darstellung des Bahnfehlers als Histogramm in Abbildung 6.17 bestätigt die Beobachtung, dass die Modellerweiterung nur einen geringen Einfluss auf den gemessenen Bahnfehler hat. Das Histogramm des Bahnfehlers mit eingeschalteter Modellerweiterung zeigt im Vergleich mit der ausgeschalteten Modellerweiterung mit Spline-Bahninterpolation ein Maximum bei einem geringeren Bahnfehler. Weiterhin ist die Verteilung bei der Modellerweiterung deutlich schiefer. Somit hat die Modellerweiterung einen Einfluss auf den Bahnfehler. Demnach ist davon auszugehen, dass der Ansatz zur Modellerweiterung grundsätzlich funktioniert und durch den Einsatz eines KNN, das den Bahnfehler besser vorhersagt, eine Steigerung der Bahngenauigkeit zu erreichen ist. Da die Modellerweiterung zu keiner deutlichen Steigerung der Bahngenauigkeit führt, ist es nicht sinnvoll, Kennwerte zur Bahngenauigkeit nach ISO 9283 zu bestimmen, da zu deren Bestimmung umfangreiche Bahnmessungen notwendig wären und durch die Bestimmung der Kennwerte nach ISO 9283 keine zusätzlichen Erkenntnisse zu erwarten sind.

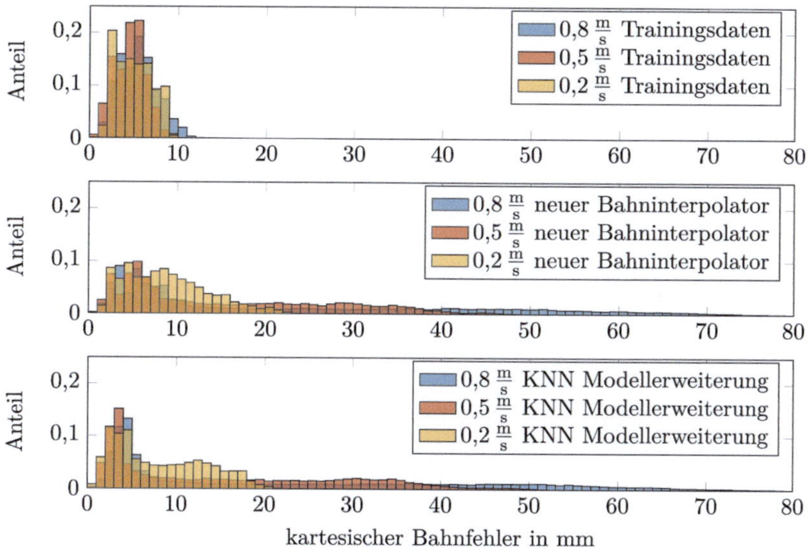

Abb. 6.17 Histogramm der kartesischen Bahnfehler für die Trainingsdaten, der Bahnmessungen mit dem neuen Bahninterpolator und die Modellerweiterung

Durch die Messung von Kraft und Moment entsteht ein geschlossener Kreis (siehe Abb. 4.5). Laut IEC 60050-351 [Deu14] handelt es sich dabei nicht um einen Regelkreis, da die gemessene Größe nicht an eine Führungsgröße angeglichen wird. Trotzdem stellt sich die Frage, ob die Schleife zu Instabilitäten führt. Das KNN beeinflusst die Bahn des Roboters und damit indirekt auch die gemessene Kraft und das gemessene Moment. Voruntersuchungen ohne einen Filter in der Rückführung des Korrekturvektors zeigen, dass die Modellerweiterung durch die Rückführung der Kraft- und Momentdaten instabil werden kann. Dieses Verhalten deckt sich mit dem Verhalten des Bahnregelkreises aus Abschnitt 4.3.1. Ohne die Filterung schwingt der Roboter mit etwa 8 Hz auf, was der ersten Eigenfrequenz entspricht. Damit stellt sich die Frage der Stabilität des Gesamtsystems. Stabilitätsnachweise und Ansätze zur Zulassung in sicherheitsrelevanten Bereichen für Regelkreise mit KNN sind Gegenstand aktueller Forschung [Del+21]. Somit beschränkt sich der Stabilitätsnachweis in dieser Arbeit auf die Beobachtung, dass der durch das KNN geschlossene Kreis mit der zusätzlichen Filterung in keinem der durchgeführten Experimente Anzeichen von Instabilität zeigt. Abschnitt 5.4 demonstriert, dass die durch das Filter erzeugte Phasenverschiebung bei Bahngeschwindigkeiten über $0,2\ \frac{\mathrm{m}}{\mathrm{s}}$ dazu führt, dass die Bahnregelung keiner oder nur geringfügige Verbesserungen der Bahngenauigkeit erzeugt. Ein ähnliches Verhalten ist für die Modellerweiterung zu erwarten. Somit stellt die Sicherstellung der Stabilität bei hohen Bahngeschwindigkeiten eine noch offene Fragestellung dar. Die Modellerweiterung ist für Prozesse mit großen oder wechselnden Prozesskräften zwingend auf Kraft-und-Moment-Sensoren angewiesen. Prozesskräfte können durch die geringe Steifigkeit des Roboters zu

Bahnfehlern von mehreren Millimetern führen. Folglich zeigt die durch die Rückführung der Kraft-und-Moment-Sensoren bedingte Instabilität eine Grenze des Ansatzes auf, die in weiterführenden Arbeiten untersucht werden muss. Mögliche Lösungsansätze könnten der Einsatz von Bandpassfiltern oder das Reinforcement Learning als Trainingsmethode für das KNN sein.

6.3 Zusammenfassende Bewertung der zweiten Forschungshypothese

Der erste Teil der Forschungshypothese bezüglich der Vorhersagegüte des Bahnfehlers durch KNN kann mit Einschränkungen bestätigt werden. KNN sind in der Lage, den Bahnfehler des Roboters in einem Großteil seines Arbeitsraums echtzeitfähig und mit einer mittleren Abweichung von 0,32 mm vorherzusagen. Damit ist der mittlere Vorhersagefehler kleiner als die Bahnwiederholgenauigkeit bei einer Bahngeschwindigkeit von $0{,}8\ \frac{\mathrm{m}}{\mathrm{s}}$. Johnen et al. erzielen für stationäre Roboter vergleichbare Ergebnisse [JSK13]; sie nutzen jedoch deutlich einfachere Bahnen und untersuchen damit eher das lokale Verhalten des Roboters.

Die vorliegende Arbeit belegt zudem, dass KNN das Bahnverhalten mobiler Roboter abbilden können. Weiterhin legt die Arbeit nahe, dass ein KNN ausreichend ist, um den Bahnfehler im gesamten Arbeitsraum des Roboters zu beschreiben. In drei der vier untersuchten Arbeitsräume erreichen KNN die geforderte Vorhersagegenauigkeit. Lediglich im vorderen oberen Arbeitsraum mit der schweren Endeffektorkonfiguration treten große Abweichung zwischen dem Bahnfehler und dessen Vorhersage auf. Folglich ist davon auszugehen, dass dort Effekte auftreten, die vom KNN nicht abgebildet werden. Dementsprechend ist die vorliegende Arbeit nicht dazu geeignet, die Forschungshypothese im Hinblick auf die Vorhersage des Bahnfehlers mit KNN zu bestätigen. Es ist jedoch zu erwarten, dass Folgearbeiten diesen Aspekt der zweiten Forschungshypothese bestätigen können werden, indem sie zeigen, dass KNN in der Lage sind, Bahnfehler eines Industrieroboters auf einer mobilen Plattform mit einer maximalen mittleren Abweichung von 0,32 mm vorherzusagen.

Da die KNN den Bahnfehler in allen vorderen Arbeitsräumen mit der geforderten Genauigkeit vorhersagen können, kann die Bewertung der zweiten Hälfte der Forschungshypothese in diesen Arbeitsräumen erfolgen. Die zweite Hälfte besagt, dass die Vorhersage des Bahnfehlers durch ein KNN dazu geeignet ist, den Bahnfehler in den Submillimeterbereich zu senken. Die Experimente zur Modellerweiterung mit dem KNN zeigen, dass der Versuchsaufbau grundsätzlich funktioniert. Die Modellerweiterung ist in der Lage, den Bahnfehler zu beeinflussen. Im Training und in der Erprobung der Modellerweiterung nutzt der Industrieroboter unterschiedliche Bahninterpolatoren. Diese Veränderung führt zu einer Zunahme des Bahnfehlers, die vom KNN nicht abgebildet wird, was den Vorhersagefehler deutlich erhöht. Durch die Zunahme des Vorhersagefehlers ist das KNN nicht in der Lage, die Bahngenauigkeit des Roboters zu steigern. Dementsprechend kann die zweite Forschungshypothese nicht bestätigt werden. Es bleibt jedoch zu vermuten, dass eine Steigerung der Bahngenauigkeit in den angestrebten Submillimeterbereich möglich ist, wenn entweder im Training und in der Erprobung der KNN derselbe Bahninterpolator eingesetzt wird oder wenn mithilfe einer Erweiterung der Trainingsdaten ein Netz trainiert werden kann, das den Bahnfehler unabhängig vom Bahninterpolator abbildet.

Kapitel 7
Zusammenfassung und Ausblick

Wie der Stand des Wissens zeigt, ist nur wenig Wissen zur Bahngenauigkeit von mobilen Robotern vorhanden. Demgegenüber steht umfangreiches Wissen zur Bahngenauigkeit der beiden Teilsysteme. Es ist bekannt, dass mobile Plattformen typischerweise keine Genauigkeiten im Submillimeterbereich erreichen. Das zweite Teilsystem, der Industrieroboter, ist in der Lage Bahngenauigkeiten im Submillimeterbereich zu erzielen. Daher muss dieser den Bahnfehler der Plattform ausgleichen, um mit dem Gesamtsystem die geforderten Bahngenauigkeiten zu erreichen. Um zu prüfen, ob dieses möglich ist, untersucht die Arbeit die Einflüsse einer mobilen Plattform auf einen darauf montierten Industrieroboter. Da der Fokus der Arbeit auf dem Bahnverhalten des Roboters liegt, bleibt die Plattform in allen Versuchen stationär.

Um den Einfluss der Plattform bewerten zu können, beschreibt die Arbeit einen Versuchsaufbau, welcher kontinuierliche Bahnmessungen in einem Großteil des Arbeitsraums des untersuchten Roboters mit einer Genauigkeit $<10\,\mu m$ ermöglicht. Umfangreiche Bahnmessungen dienen sowohl der Bestimmung der Bahngenauigkeit als auch der Bahnwiederholgenauigkeit des Roboters. Die Bahnmessungen zeigen, dass sich die Plattform in erster Linie durch eine verringerte Fundamentsteifigkeit auf die Bahngenauigkeit des Industrieroboters auswirkt und so den systematischen Anteil des Bahnfehlers auf diese Weise maßgeblich beeinflusst.

Da systematische Fehler mit einer Modellerweiterung ausgleichbar sind, sollte es folglich möglich sein, die Bahngenauigkeit des Industrieroboters in den Submillimeterbereich zu steigern, sofern die Modellerweiterung die Einflüsse der Plattform auf die Bahngenauigkeit des Roboters berücksichtigt. Die Literatur beschreibt eine Vielzahl geeigneter Modellierungsansätze für stationäre Roboter. Es ist jedoch fraglich, ob diese auch bei Industrierobotern auf mobilen Plattformen mit deren herabgesetzter Fundamentsteifigkeit anwendbar sind. Die vorliegende Arbeit untersucht die Modellerweiterung mittels künstlicher neuronaler Netze (KNN). Dazu müssen die in der Literatur beschriebenen KNN durch eine Vergrößerung des Inputvektors um dynamische Effekte erweitert werden. Wie die Arbeit zeigt, sind KNN in der Lage, den Bahnfehler des Industrieroboters mit einer mittleren Abweichung von $0{,}3\,mm$

M. Neitmann, *Steigerung der Bahngenauigkeit mobiler Industrieroboter durch eine Modellerweiterung mittels künstlicher neuronaler Netze*, Mechanics and Adaptronics,
https://doi.org/10.1007/978-3-662-69561-6_7

vorherzusagen. Mit den in der vorliegenden Arbeit vorgeschlagenen Anpassungen ist eine weitere Genauigkeitssteigerung zu erwarten.

Die Arbeit ist nicht in der Lage nachzuweisen, dass die Steigerung der Bahngenauigkeit in den Submillimeterbereich mit der vorgeschlagenen Modellerweiterung möglich ist. Die Ergebnisse stellen den Ansatz jedoch auch nicht in Frage. Stattdessen zeigt sie einige noch offenen Fragestellungen auf. So legen die Untersuchungen nahe, dass die KNN empfindlich auf Veränderungen des Bahninterpolators reagieren. Eine Veränderung der Bahninterpolators zwischen der Aufnahme der Trainingsdaten und der Erprobung der Modellerweiterung verhinderte im Versuch eine Steigerung der Bahngenauigkeit. Sofern derselbe Bahninterpolator für Training und Experiment eingesetzt wird, ist davon auszugehen, dass eine Steigerung der Bahngenauigkeit möglich ist. Alternativ kann es ein vielversprechender Ansatz sein, den Einfluss des Bahninterpolators auf die Bahnfehlervorhersage durch eine Erweiterung der Trainingsdaten zu reduzieren. Entsprechend ist davon auszugehen, dass Folgearbeiten dazu in der Lage sein werden, die zweite Forschungshypothese vollständig zu bestätigen.

Beeinflussung des Bahnfehlers des Roboters durch die Plattform Die Arbeit zeigt anhand der Wiederholgenauigkeit, welche ein Maß für den stochastischen Fehler darstellt, deutlich, dass die Plattform keinen merklichen Beitrag zu diesem leistet. Der mobile Roboter erreicht eine Positionswiederholgenauigkeit von durchschnittlich 42 µm und ist damit genauer als die im Datenblatt angegebene Positionswiederholgenauigkeit von 60 µm. Der stochastische Anteil des Bahnfehlers definiert die maximal erreichbare Bahngenauigkeit. Da die gemessenen Positions- und Bahnwiederholgenauigkeiten alle im Submillimeterbereich liegen, ist die Voraussetzung für eine Steigerung der Bahngenauigkeit des mobilen Roboters in diesen Bereich gegeben.

Der systematische Einfluss der Plattform äußert sich in erster Linie in einer herabgesetzten Fundamentsteifigkeit. Zwischen den vorderen und den seitlichen Prüf-Posen kippt die Plattform durch den veränderten Schwerpunkt des Roboterarms um deren Vorderachse. Dabei verändert sich der Bahnfehler um etwa 10 mm. Neben der herabgesetzten Fundamentsteifigkeit wirkt sich die Plattform auch durch einen bisher nicht in der Literatur beschriebenen Effekt auf die Bahngenauigkeit des Industrieroboters aus: Die Bewegungen des Roboterarms erzeugen Trägheitskräfte, die groß genug sind, um die Haftreibung der Räder auf dem Hallenboden zu überwinden. Dadurch erzeugen die Bewegungen des Roboterarms eine systematische Bewegung der Plattform relativ zum Boden. Diese beträgt in den Prüfbahnen 30 $\frac{\mu m}{h}$ und kann damit einen Einfluss auf die Bahngenauigkeit des Roboters haben. Da der Einsatz mobiler Roboter zur Fertigung von Bauteilen, die in den Arbeitsraum eines stationären Roboters passen, kaum Vorteile hat, ist davon auszugehen, dass mobile Roboter hauptsächlich zur Fertigung von Bauteilen eingesetzt werden, die eine Bewegung der Plattform erfordern. Da faserverstärkte Bauteile schichtweise gefertigt werden, ist mit häufigen Plattformbewegungen zu rechnen, wodurch der Einfluss der Drift wahrscheinlich vernachlässigbar klein bleibt.

Eignung von künstlichen neuronalen Netzen zur Steigerung der Bahngenauigkeit von mobilen Robotern Nachdem in Kapitel 5 gezeigt wurde, dass die Plattform keinen bedeutsamen Einfluss auf den stochastischen Fehler hat, erfolgt in Kapitel 6 eine Untersuchung der Eignung von KNN zur Modellerweiterung und nichtkinematischen Kalibrierung von Industrierobotern auf mobilen Plattformen. Ein Vergleich verschiedener Ansätze zur Steigerung der Bahngenauigkeit zeigt, dass die Nutzung von KNN den vielversprechendste Ansatz für den Einsatz in mobilen Roboter darstellt. Bahnregelungen können instabil werden, und Sensorsysteme mit der erforderlichen Genauigkeit in großen Arbeitsräumen sind nicht für einen industriellen Einsatz geeignet. Damit stellen Kalibrierungen und Modellerweiterungen die besten Möglichkeiten dar, um die notwendige Genauigkeit zu erreichen. KNN als Methode zur Modellerweiterung zeichnen sich durch effiziente Algorithmen zur Bestimmung der Modellparameter aus und lassen sich leicht um die Effekte der Plattform erweitern.

In der vorgestellten Modellerweiterung sagt ein KNN den Bahnfehler auf Basis von Zustandsgrößen des Roboters vorher. Diese Vorhersage wird dazu genutzt, die Soll-Bahn des Roboters anzupassen und so dessen Bahngenauigkeit zu steigern. Um die Leistungsfähigkeit dieses Ansatzes zu prüfen, erfolgt zunächst eine Untersuchung der Vorhersagegüte des Netzes. Dazu werden in Kapitel 6 verschiedene Designparameter des KNN und deren Einfluss auf dessen Vorhersagegüte untersucht. Mithilfe eines echtzeitfähigen KNNs ist es möglich, den Bahnfehler in einem Großteil des Arbeitsraums mit einem mittleren Vorhersagefehler von 0,32 mm vorherzusagen. Hierzu müssen die aus der Literatur bekannten KNN deutlich erweitert werden. Wichtig ist hierbei in erster Linie eine Erweiterung um Inputs, die einen Rückschluss auf dynamische Effekte erlauben. Der Inputvektor setzt sich aus Soll-Pose, Soll-Geschwindigkeit, Soll-Beschleunigung in kartesischer und Achswinkelbeschreibung sowie Kraft- und Momentmessungen aus dem Endeffektor zusammen. Von jedem dieser Eingangsparameter enthält der Inputvektor zusätzlich jeweils sechs Zeitschritte. Das Netz besteht aus drei versteckten Schichten[1] mit 120, 40 und 20 Neuronen. Die so erweiterten KNN sind ein geeigneter Modellierungsansatz zur Vorhersage des Bahnfehlers. Als Trainingsdatensatz dienen 24 Teildatensätze, die sich aus zufällig generierten Bahnen zusammensetzen und 4–5 min lang sind. Auch wenn der mittlere Vorhersagefehler des Netzes die Anforderungen der zweiten Forschungshypothese erfüllt, treten im Trainingsdatensatz im rechten oberen Arbeitsraum mit schwerem Endeffektor Effekte auf, die vom KNN nicht abgebildet werden und daher zu großen Vorhersagefehlern führen. Ohne diesen Datensatz ist ein KNN in der Lage, den Bahnfehler im übrigen untersuchten Arbeitsraum zu beschreiben. Weiterhin sagt das Netz keine der in den Validierungsdatensätzen auftretenden Schwingungen der Roboterstruktur voraus. Der Verlauf der Kostenfunktion über die Trainingsepochen zeigt deutlich, dass das Netz unterangepasst ist. Somit ist es wahrscheinlich, dass die Vorhersagegenauigkeit in Folgeuntersuchungen mit zusätzlichen Trainingsdaten noch gesteigert und damit im gesamten Arbeitsraum des Roboters eine Vorhersagegenauigkeit $<0{,}32$ mm erreicht werden könnte.

[1] englisch: Hidden Layer.

Im Rahmen der vorliegenden Arbeit erfolgt keine Erweiterung des Trainingsdatensatzes, da hierzu zunächst die Umgebungseinflüsse genauer untersucht werden müssten. Weil die Vorhersagegüte des Netzes die Anforderungen der zweiten Forschungshypothese in den beiden vorderen Arbeitsräumen erfüllt, ist es möglich, die experimentelle Erprobung der Modellerweiterung zunächst nur dort durchzuführen. Zuerst ist festzustellen, dass die Berechnung der KNN mit der SPS echtzeitfähig möglich ist. Allerdings zeigen die Experimente keine Steigerung der Bahngenauigkeit und bestätigen die zweite Forschungshypothese somit nicht. Tatsächlich nutzt die Robotersteuerung für die Aufnahme der Trainingsdaten und die Experimente zur Modellerweiterung durch das KNN unterschiedliche Bahninterpolatoren. Ein Vergleich der beiden Bahninterpolatoren zeigt, dass der in der Erprobung des KNN eingesetzte Bahninterpolator zu größeren Beschleunigungen und damit auch zu größeren Bahnfehlern führt. Das KNN sagt in der Folge zu geringe Bahnfehler voraus. Diese Vorhersagefehler führen dazu, dass keine Steigerung der Bahngenauigkeit erreicht wird.

Die Experimente zeigen, dass der untersuchte Ansatz zur Modellerweiterung grundsätzlich funktioniert. Offensichtlich stellt die Wahl des Bahninterpolators einen entscheidenden Einfluss auf die Bahngenauigkeit dar und sollte in Folgearbeiten genauer untersucht werden. Als einfachste Maßnahme zur Reduktion des Einflusses verschiedener Bahninterpolatoren kann die Empfehlung ausgesprochen werden, für die Aufnahme der Trainingsdaten und die Bahnkorrektur im Betrieb den gleichen Bahninterpolator zu verwenden.

Die Experimente widerlegen die zweite Forschungshypothese also nicht. Sie bestätigen vielmehr, dass es sich bei der Modellerweiterung des Roboters mit KNN um einen vielversprechenden Ansatz zur Steigerung der Bahngenauigkeit mobiler Roboter handelt, und zeigen weiteren Forschungsbedarf auf.

Möglichkeiten zur Verbesserung der Bahnfehlervorhersage durch das künstliche neuronale Netz Da alle untersuchten Netze unterangepasst sind, ist es zunächst sinnvoll, den Trainingsdatensatz deutlich zu erweitern. Die in der vorliegenden Arbeit genutzten Trainingsdaten wurden an einem Tag aufgezeichnet. Um mehr Trainingsdaten erzeugen zu können, ist es notwendig, die Trainingsdaten an mehreren Tagen aufzuzeichnen. Aufgrund des bereits mit dem unterangepassten KNN erreichten Vorhersagefehlers von 0,32 mm besteht bei mehrtägigen Messungen die Gefahr, dass Umgebungseinflüsse den Bahnfehler in einem Maße beeinflussen, dass sie einen Einfluss auf die Bahnfehlervorhersage haben. Daher ist es vor einer Erweiterung des Trainingsdatensatzes notwendig, Umgebungseinflüsse auf den Bahnfehler genauer zu untersuchen. Sollten die Umgebungseinflüsse einen deutlichen Einfluss auf den Bahnfehler haben, besteht die Möglichkeit, sie in den Inputvektor aufzunehmen. Alternativ könnten sie konstant gehalten werden. Ein wichtiger, im Rahmen dieser Arbeit bereits beobachteter Einfluss auf lange Bahnmessungen ist die Drift der Plattform auf dem Hallenboden. Es ist sinnvoll, diese bei langen Bahnmessungen mit zusätzlichen Sensoren zu messen und in der Koordinatentransformation zwischen dem Bahnsensor und dem Roboter zu berücksichtigen. Eine Vorhersage der Drift ist dagegen wenig vielversprechend. Die Vorhersage von Reibwerten ist eine in der

Tribologie umfangreich untersuchte, aber noch offene Fragestellung. Somit ist eine erfolgreiche Vorhersage der Drift der Plattform unwahrscheinlich.

Mit einem genaueren Verständnis der Umgebungseinflüsse ist es möglich, bessere Trainingsdatensätze zu entwickeln. In einem ersten Schritt ist es sinnvoll, deutlich längere Bahnmessungen zu nutzen, um die Anpassung der Netze zu verbessern. Die deutliche Zunahme des Vorhersagefehlers beim Wechsel des Bahninterpolators zeigt, dass die KNN den Bahnfehler nicht ausschließlich auf Basis physikalischer Effekte beschreiben, sondern auch Eigenschaften des Bahninterpolators zur Bahnfehlervorhersage nutzen. Diese mangelnde Extrapolationsfähigkeit ist ein Hinweis darauf, dass die Trainingsdaten zu wenig Variationen der Bahnparameter enthalten. Daher ist es zielführend, die Trainingsdaten nicht nur in ihrem Umfang, sondern auch in ihren Variationen zu erweitern. Neben der bereits variierten Bahngeschwindigkeit ist es notwendig, zusätzliche Bahnparameter wie die Soll-Beschleunigung, den Soll-Ruck oder den Überschleifradius zu variieren.

Das KNN nutzt die gemessenen Kräfte und Momente zur Vorhersage des Bahnfehlers. Diese werden in den untersuchten Trainingsdaten nur durch die Trägheit des Endeffektors erzeugt. Da Prozesskräfte den Bahnfehler stark beeinflussen können, ist es für weitergehende Untersuchungen sinnvoll, in den Trainingsdaten auch Prozesskräfte abzubilden, um somit untersuchen zu können, ob KNN auch die elastische Verformung der Roboterstruktur durch Prozesslasten vorhersagen können. Um in den Trainingsdaten ein möglichst breites Spektrum an Prozesslasten abzubilden, muss eine Belastungseinheit konstruiert werden, die in einem großen Bereich des Arbeitsraums sowohl Kräfte als auch Momente erzeugen kann. Diese müssen sowohl statische als auch dynamische Anteile aufweisen. Wenn mit diesen Erweiterungen der Trainingsdaten gut angepasste Netze trainiert werden können, ist eine Steigerung der Vorhersagegüte der KNN wahrscheinlich. Sollte die Vorhersagegüte nicht steigen, kann es sinnvoll sein, die Neuronenanzahl zu erweitern, um komplexere Zusammenhänge abbilden zu können. Die in der vorliegenden Arbeit trainierten Netze sind nicht in der Lage, Schwingungen des Roboters vorherzusagen. Aus der Literatur ist jedoch bekannt, dass KNN dazu geeignet sind, Schwingungsantworten von Mehrfreiheitsgrad- und nichtlinearen Systemen vorherzusagen. Daher muss bei der Erweiterung der Trainingsdaten und der Netzgröße insbesondere darauf geachtet werden, ob die KNN Schwingungen des Roboters vorhersagen.

Weiterhin ist es notwendig, durch das Netz auch thermische Einflüsse auf den Bahnfehler zu beschreiben. Aus der Literatur ist bekannt, dass diese zu großen Bahnfehlern führen können. Weiterhin ist bekannt, dass thermisch induzierte Bahnfehler von Fräsmaschinen mit KNN vorhersagbar sind. Somit besteht eine hohe Wahrscheinlichkeit, dass die Vorhersage auch bei Industrierobotern möglich ist. Aufgrund der langsamen Erwärmung der Roboterstruktur, der sich daraus ergebenden langen Messdauern für die Trainingsdaten sowie der hohen Wahrscheinlichkeit, dass KNN in der Lage sind, die thermischen Einflüsse zu beschreiben, haben Untersuchungen zu den thermischen Effekten eine untergeordnete Priorität.

Die vorliegende Arbeit betrachtet gemäß der Argumentation aus Abschnitt 4.2 nur Postionen zur Bewertung der Bahnkennwerte. Die Orientierung des Endeffektors stellt jedoch auch einen Teil der Bahngenauigkeit dar. Daher ist es sinnvoll, den

Bahnsensor um einen Orientierungssensor zu erweitern, um die Orientierungsgenauigkeit zu untersuchen. Mit dieser Erweiterung besteht darüber hinaus die Möglichkeit zu untersuchen, ob eine Erweiterung des KNN um Orientierungen zu einer Verbesserung der Vorhersagegüte führt.

Sofern bestätigt werden kann, dass KNN in der Lage sind, alle Effekte zu beschreiben, die zu maßgeblichen Bahnfehlern führen, ist es für einen flächendeckenden Einsatz von KNN zur Steigerung der Bahngenauigkeit von mobilen Robotern notwendig, den benötigten Trainingsdatensatz und damit die Messdauer pro Roboter zu reduzieren. Hierzu erscheint es vielversprechend, die Methode des Transfer Learnings einzusetzen. Also zunächst ein Netz mit dem oben beschriebenen umfassenden Trainingsdatensatz zu trainieren und dieses Netz als Basis für das Training weiterer Netze, die andere Roboter beschreiben, einzusetzen. Dabei ist zu erwarten, dass für das Training aller weiteren Roboter deutlich reduzierte Trainingsdatensätze benötigen werden.

Verbesserung der Integration des künstlichen neuronalen Netzes in die Robotersteuerung Neben den Untersuchungen zur Eignung der KNN zur Vorhersage des Bahnfehlers sind weitere Untersuchungen zur Integration der Modellerweiterung in die Robotersteuerung notwendig. Die vorliegende Arbeit nutzt zusätzlich zur Robotersteuerung eine SPS. Da die SPS mit einem höheren Takt arbeitet als die Robotersteuerung, waren in dieser Arbeit Methoden zur Glättung der Daten der Robotersteuerung in der SPS notwendig. Diese funktionieren zuverlässig in den hier betrachteten Bahngeschwindigkeiten. Es ist jedoch abzusehen, dass die eingesetzten Methoden bei höheren Bahngeschwindigkeiten nicht mehr in der Lage sein werden, die Signale ausreichend zu glätten. Statt der Entwicklung besserer Glättungsmethoden ist es sinnvoll, entweder die SPS und die Robotersteuerung im gleichen Interpolationstakt zu betreiben oder besser noch, beide Steuerungen in eine Steuerung zu integrieren, um damit auf die Glättung verzichten zu können. Insbesondere die Integration in eine Steuerung führt zu einer verminderten Systemkomplexität und vermeidet zusätzlich Latenzen in der Datenübertragung, welche zu Instabilitäten des Systems führen können. Aufgrund der Rückführung des Kraft-und-Moment-Sensors entsteht durch die Modellerweiterung ein geschlossener Kreis, der eine weitere mögliche Ursache von Instabilitäten darstellt. Wie die vorliegende Arbeit zeigt, sind Tiefpassfilter geeignet, die Stabilität des Versuchsaufbaus zu gewährleisten. Die Filter führen jedoch zu einer verminderten Leistungsfähigkeit bei hohen Bahngeschwindigkeiten.

Der Stand des Wissens belegt, dass es mit KNN möglich ist, die inverse Kinematik von Industrierobotern zu berechnen [AAU14]. Damit ist es ein vielversprechender Ansatz, die bestehende inverse Kinematik von Industrierobotern durch ein KNN zu ersetzen, das auch das dynamische Verhalten des Roboters berücksichtigt. Auf diese Weise werden Quellen von Instabilität aus dem Versuchsaufbau entfernt und die Systemkomplexität gesenkt. Im Rahmen dieses Ansatzes erscheint es erfolgsversprechend, Lernmethoden wie das verstärkende Lernen[2] einzusetzen. Mit diesen

[2] englisch: Reinforcement Learning.

Methoden besteht die Möglichkeit, dass KNN trainiert werden können, die keine zusätzlichen Filter zur Stabilisierung des Gesamtsystems benötigen.

Insgesamt zeigt die vorliegende Arbeit, dass eine Modellerweiterung mit KNN zu einer deutlichen Genauigkeitssteigerung eines mobilen Roboters führen kann. Ferner wird deutlich, dass eine Erweiterung des Eingangsvektors um Zustandsgrößen, die einen Rückschluss auf dynamische Prozesse erlauben, zu einer deutlichen Senkung des Vorhersagefehlers, im Vergleich zu den im Stand des Wissens beschriebenen Netzen, führt. Weiterer Forschungsbedarf besteht in erster Linie hinsichtlich der besseren Beschreibung des dynamischen Verhaltens des Roboters durch das KNN und der besseren Integration der Modellerweiterung in die Robotersteuerung.

Literatur

[AAU14] Luv Aggarwal, Kush Aggarwal und Ruth Jill Urbanic. „Use of Artificial Neural Networks for the Development of an Inverse Kinematic Solution and Visual Identification of Singularity Zone(s)“. In: *Procedia CIRP* (2014), S. 812–817. ISSN: 22128271. https://doi.org/10.1016/j.procir.2014.01.107.

[ABB19] ABB, Hrsg. *IRB 2400 Industrial Robot: Datasheet*. 2019. https://abb.com/robotics (besucht am 07. 04. 2021).

[Abe+08] Eberhard Abele, Jörg Bauer, Maximilian Stelzer und Oskar von Stryk. „Wechselwirkungen von Fräsprozess und Maschinenstruktur am Beispiel des Industrieroboters: Entwicklung von Modellkomponenten für eine Offlinekompensation der spanenden Bearbeitung mit Industrierobotern“. In: *WT-Online* (2008), S. 733–737.

[ADK16] Ahmed R. J. Almusawi, L. Canan Dülger und Sadettin Kapucu. „A New Artificial Neural Network Approach in Solving Inverse Kinematics of Robotic Arm (Denso VP6242)“. In: *Computational Intelligence and Neuroscience* (2016). https://doi.org/10.1155/2016/5720163.

[AHB87] K. Somani Arun, Thomas S. Huang und Steven D. Blostein. „Least-squares fitting of two 3-D point sets“. In: *IEEE Transactions on Pattern Analysis and Machine Intelligence* (1987), S. 698–700. ISSN: 0162-8828.

[Alb02] Alin Albu-Schäffer. „Regelung von Robotern mit elastischen Gelenken am Beispiel der DLR-Leichtbauarme“. Dissertation. München: Technische Universität München, 2002.

[Alg+11] Stephan Algermissen, Ralf Keimer, Michael Rose, Marco Straubel, Michael Sinapius und Hans Peter Monner. „Smart-Structures Technology for Parallel Robots“. In: *Journal of Intelligent & Robotic Systems* (2011), S. 547–574. ISSN: 1573-0409. https://doi.org/10.1007/s10846-010-9522-8.

[Alg10] Stephan Algermissen. *Selbsteinstellende, robuste Regelung von Strukturschwingungen an Parallelrobotern: Dissertation*. Braunschweig: Technische Universität Braunschweig, 2010.

[AWM15] Hadi Ardiny, Stefan Witwicki und Francesco Mondada. „Are Autonomous Mobile Robots Able to Take Over Construction? A Review“. In: *International Journal of Robotics* (2015), S. 10–21.

[BAH14] Mathias Brandstötter, Arthur Angerer und Michael Hofbaur. „An analytical solution of the inverse kinematics problem of industrial serial manipulators with an ortho-parallel basis and a spherical wrist“. In: *Proceedings of the Austrian Robotics Workshop 2014*. Hrsg. von Johannes Kepler Universität Linz. 2014.

M. Neitmann, *Steigerung der Bahngenauigkeit mobiler Industrieroboter durch eine Modellerweiterung mittels künstlicher neuronaler Netze*, Mechanics and Adaptronics,
https://doi.org/10.1007/978-3-662-69561-6

[Bau12] Jörg Bauer. *Methoden der Offline-Bahnkorrektur für die spanende Bearbeitung mit Industrierobotern: Dissertation*. Berlin: epubli GmbH, 2012. ISBN: 978-3-8442-1544-1.

[Bey05] Lukas Beyer. *Genauigkeitssteigerung von Industrierobotern: Insbesondere mit Parallelkinematik: Dissertation*. Forschungsberichte aus dem Laboratorium Fertigungstechnik. Aachen: Shaker, 2005. ISBN: 3-8322-3681-3.

[Bon04] Thomas Bongardt. *Methode zur Kompensation betriebsabh ä ngiger Einfl ü sse auf die Absolutgenauigkeit von Industrierobotern: Dissertation*. Forschungsberichte/IWB. München: Herbert Utz Verlag, 2004. ISBN: 3-8316-0332-4.

[Bri+19] Christoph Brillinger, Hendrik Susemihl, Fabian Ehmke, Till Staude, Kevin Deutmarg, Maximilian Klemstein, Christian Boehlmann, Wolfgang Hintze und Jörg Wollnack. „Mobile Laser Trackers for Aircraft Manufacturing: Increasing Accuracy and Productivity of Robotic Applications for Large Parts“. In: *SAE Technical Paper Series*. Warrendale: SAE International, 2019. https://doi.org/10.4271/2019-01-1368.

[Buc20] Christian Buchholz. „Bahngenauigkeit mobiler Roboter mit und ohne Bahnregelung“. Studienarbeit. Braunschweig: Technische Universität Braunschweig, 2020.

[Bus17] Arnd Buschhaus. *Hochpr ä zise adaptive Steuerung und Regelung robotergef ü hrter Prozesse: Dissertation*. Fertigungstechnik - Erlangen. Bamberg: Meisenbach, 2017. ISBN: 978-3-87525-427-3. https://doi.org/10.25593/978-3-87525-427-3.

[CHK19] Chang Nho Cho, Ji Tae Hong und Hong Ju Kim. „Neural Network Based Adaptive Actuator Fault Detection Algorithm for Robot Manipulators“. In: *Journal of Intelligent & Robotic Systems* (2019), S. 137–147. ISSN: 1573-0409. https://doi.org/10.1007/s10846-018-0781-0.

[Cho15] François Chollet. *Keras*. Hrsg. von GitHub. 2015. https://github.com/fchollet/keras.

[DE19] Thorsten Dillhöfer und Fatih Erdinc. „Power RACe“. In: *SAE Technical Paper Series*. Warrendale: SAE International, 2019. https://doi.org/10.4271/2019-01-1345.

[Del+21] ...Hervé Delseny, Christophe Gabreau, Adrien Gauffriau, Bernard Beaudouin, Ludovic Ponsolle, Lucian Alecu, Hugues Bonnin, Brice Beltran, Didier Duchel, Jean-Brice Ginestet, Alexandre Hervieu, Ghilaine Martinez, Sylvain Pasquet, Kevin Delmas, Claire Pagetti, Jean-Marc Gabriel, Camille Chapdelaine, Sylvaine Picard, Mathieu Damour, Cyril Cappi, Laurent Gardès, Florence de Grancey, Eric Jenn, Baptiste Lefevre, Gregory Flandin, Sébastien Gerchinovitz, Franck Mamalet und Alexandre Albore. *White Paper Machine Learning in Certified Systems*. Hrsg. von DEEL certification workgroup. 2021. https://doi.org/10.48550/arXiv.2103.10529.

[Deu14] Deutsches Institut für Normung e.V. *Internationales Elektrotechnisches W ö rterbuch – Teil 351: Leittechnik*. IEC 60050-351:2013. Berlin: Beuth Verlag GmbH, 2014. https://doi.org/10.31030/2159569.

[Deu98] Deutsches Institut für Normung e.V. *Industrieroboter – Leistungskenngrößen und zugehörige Prüfmethoden*. DIN EN ISO 9283:1998. Berlin: Beuth Verlag GmbH, 1998.

[Die95] Bernd Wolfgang Diewald. „Über-alles-Kalibrierung von Industrierobotern zur lokalen Minimierung der Posefehler“. Dissertation. Saarbrücken: Universität des Saarlandes, 1995.

[DSW16] Berend Denkena, Carsten Schmidt und Patricc Weber. „Automated Fiber Placement Head for Manufacturing of Innovative Aerospace Stiffening Structures“. In: *Procedia Manufacturing* (2016), S. 96–104. ISSN: 2351-9789. https://doi.org/10.1016/j.promfg.2016.11.013.

[Duk14] Adrian-Vasile Duka. „Neural network based inverse kinematics solution for trajectory tracking of a robotic arm“. In: *Procedia Technology* (2014), S. 20–27. ISSN: 22120173. https://doi.org/10.1016/j.protcy.2013.12.451.

[FCM00] Grégory Flandin, François Chaumette und Eric Marchand. „Eye-in-hand/Eye-to-hand Cooperation for Visual servoing“. In: *Proceedings 2000 ICRA. Millennium Conference. IEEE International Conference on Robotics and Automation. Symposia Proceedings (Cat. No.00CH37065)*. IEEE, 2000, S. 2741–2746. ISBN: 0-7803-5886-4. https://doi.org/10.1109/ROBOT.2000.846442.

[Gaw+19] Abel Gawel, Roland Siegwart, Marco Hutter, Timothy Sandy, Hermann Blum, Johannes Pankert, Koen Kramer, Luca Bartolomei, Selen Ercan, Farbod Farshidian, Margarita Chli und Fabio Gramazio. „A Fully-Integrated Sensing and Control System for High-Accuracy Mobile Robotic Building Construction“. In: *2019 IEEE/RSJ International Conference on Intelligent Robots and Systems (IROS)*. IEEE, 2019, S. 2300–2307. ISBN: 978-1-7281-4004-9. https://doi.org/10.1109/IROS40897.2019.8967733.

[GDL03] Muriel Gevrey, Ioannis Dimopoulos und Sovan Lek. „Review and comparison of methods to study the contribution of variables in artificial neural network models“. In: *Ecological Modelling* (2003), S. 249–264. ISSN: 03043800. https://doi.org/10.1016/S0304-3800(02)00257-0.

[Geo08] Leica Geosystems. *The Leica Absolute Interferometer*. Hrsg. von Leica Geosystems. Unterentfelden, 2008.

[Ger91] Uwe Gerstmann. *Robotergenauigkeit: Der Getriebeeinfluß auf die Arbeits- und Positionsgenauigkeit: Dissertation*. Düsseldorf: VDI-Verlag, 1991. ISBN: 9783184012014.

[Grä99] Ralf-Gunter Gräser. *Ein Verfahren zur Kompensation temperaturinduzierter Verformungen an Industrierobotern: Dissertation*. Forschungsberichte/IWB. München: Herbert Utz Verlag, 1999. ISBN: 3-89675-603-6.

[Gre83] Allen H. Greenleaf. „Self-Calibrating Surface Measuring Machine“. In: *Optical Engineering* (1983), S. 276–280. ISSN: 0091-3286. https://doi.org/10.1117/12.7973098.

[GS92] Joydeep Ghosh und Yoan Shin. „Efficient higher-order neural networks for classification and function approximation“. In: *International Journal of Neural Systems* (1992), S. 323–350. ISSN: 0129-0657.

[Haw13] Kelsey P. Hawkins. *Analytic inverse kinematics for the universal robots UR-5/UR-10 arms: Technischer Bericht*. Hrsg. von Georgia Institute of Technology Institute for Robotics and Intelligent Machines. Atlanta, 2013.

[HB11] Mads Hvilshøj und Simon Bøgh. „„Little Helper“ – An Autonomous Industrial Mobile Manipulator Concept“. In: *International Journal of Advanced Robotic Systems* (2011), S. 15. ISSN: 1729-8814.

[Her16] Christoph Herrmann. „Entwicklung eines trackingfähigen optischen Messsystems zur Posenbestimmung“. Dissertation. Karlsruhe: Karlsruher Institut für Technologie, 2016.

[Hey+16] Jakob K. Heyn, Raphael Schnurr, Franz Dietrich und Klaus Dröder. „Self-Supporting End Effectors: Towards Low Powered Robots for High Power Tasks“. In: *Procedia CIRP* (2016), S. 418–423. ISSN: 22128271. https://doi.org/10.1016/j.procir.2016.02.142.

[Hir+01] Gerhard Hirzinger, Alin Albu-Schäffer, Matthias Hähnle, I. Schäfer und Norbert Sporer. „On a new generation of torque controlled light-weight robots.“ In: *2001 ICRA, IEEE International Conference on Robotics and Automation*. Pitscataway: IEEE, 2001, S. 3356–3363. ISBN: 0-7803-6576-3.

[Hor94] Armin Horn. *Optische Sensorik zur Bahnf ü hrung von Industrierobotern mit hohen Bahngeschwindigkeiten: Dissertation*. ISW Forschung und Praxis, Berichte aus dem Institut für Steuerungstechnik der Werkzeugmaschinen und Fertigungseinrichtungen der Universität Stuttgart. Berlin, Heidelberg: Springer, 1994. ISBN: 978-3-540-58368-4.

[HS97] Sepp Hochreiter und Jürgen Schmidhuber. „Long short-term memory“. In: *Neural Computation* (1997), S. 1735–1780. ISSN: 0899-7667. https://doi.org/10.1162/neco.1997.9.8.1735.

[HW19] Falk Heinecke und Christian Willberg. „Manufacturing-Induced Imperfections in Composite Parts Manufactured via Automated Fiber Placement“. In: *Journal of Composites Science* (2019), S. 56. https://doi.org/10.3390/jcs3020056.

[Int98] International Organization for Standardization. *Manipulating industrial robots – Performance criteria and related test methods*. ISO 9283:1998. Genf: International Organization for Standardization, 1998.

[JS14] Paulo A. Jiménez und Bijan Shirinzadeh. „Laser interferometry measurements based calibration and error propagation identification for pose estimation in mobile robots“. In: *Robotica* (2014), S. 165–174. https://doi.org/10.1017/S0263574713000660.

[JSK11] Benjamin Johnen, Carsten Scheele und Bernd Kuhlenkötter, Hrsg. *Learning robot behavior with artificial neural networks and a coordinate measuring machine*. IEEE, 2011. ISBN: 1457703300.

[JSK13] Benjamin Johnen, Carsten Scheele und Bernd Kuhlenkötter. „Neural Network Development and Training for the Simulation of Dynamic Robot Movement Behavior". In: *Recent Advances in Robotics and Automation*. Hrsg. von Gourab Sen Gupta, Donald Bailey, Serge Demidenko und Dale Carnegie. Studies in Computational Intelligence. Berlin: Springer, 2013, S. 1–13. ISBN: 978-3-642-37386-2.

[KB15] Diederik P. Kingma und Jimmy Ba. „Adam: A Method for Stochastic Optimization". In: *3rd International Conference on Learning Representations*. San Diego, 2015. https://doi.org/10.48550/arXiv.1412.6980.

[KOM90] Christopher Kozakiewicz, Toshio Ogiso und Norihisa P. Miyake, Hrsg. *Calibration analysis of a direct drive robot*. IEEE, 1990.

[KRN12] Moharam Habibnejad Korayem, Hamed Nohooji Rahimi und Amin Nikoobin. „Mathematical modeling and trajectory planning of mobile manipulators with flexible links and joints". In: *Applied Mathematical Modelling* (2012), S. 3229–3244. ISSN: 0307904X. https://doi.org/10.1016/j.apm.2011.10.002.

[KS07] Karin Kniel und Heinrich Schwenke. „Genauigkeitssteigerung und Kalibrierung von Koordinatenmessgeräten mit dem LaserTRACER". In: *PTB-Mitteilungen* (2007), S. 372.

[KUK10] KUKA AG, Hrsg. *KUKA.RobotSensorInterface 3.1: For KUKA System Software 8.2*. 2010.

[KUK14a] KUKA AG, Hrsg. *Kuka Omnimove: Manövriermeister auf engstem Raum*. 2014.

[KUK14b] KUKA AG, Hrsg. *KUKA System Software 8.3: Bedien- und Programmieranleitung für Systemintegratoren*. 2014.

[KUK15] KUKA AG, Hrsg. *KMR QUANTEC KR150 R3300 K prime: Montage- und Betriebsanleitung*. 2015.

[KUK16a] KUKA AG, Hrsg. *Industrierobotik_Hohe Traglast*. 2016.

[KUK16b] KUKA AG, Hrsg. *KR QUANTEC K prime: Spezfikationen*. 2016.

[KUK16c] KUKA AG, Hrsg. *RobotSensorInterface 3.3: F ü r KUKA System Software 8.3 und 8.4*. 2016.

[KUK17] KUKA AG, Hrsg. *Industrierobotik_Mittlere Traglast*. 2017.

[LAS21] Jinbo Li, Pierre-Lucas Aubin-Fournier und Krzysztof Skonieczny. „SLAAM: Simultaneous Localization and Additive Manufacturing". In: *IEEE Transactions on Robotics* (2021), S. 334–349. ISSN: 1552-3098. https://doi.org/10.1109/TRO.2020.3021241.

[Lee+16] Hau-Wei Lee, Jr-Rung Chen, Shan-Peng Pan, Hua-Chung Liou und Po-Er Hsu. „Relationship between ISO 230-2/-6 Test Results and Positioning Accuracy of Machine Tools Using LaserTRACER". In: *Applied Sciences* (2016), S. 105. ISSN: 2076-3417. https://doi.org/10.3390/app6040105.

[Li+09] Jing-Wei Li, Weijun Zhang, G. S. Yang, Shan-Tung. D. Tu und X. B. Chen. „Thermal-error modeling for complex physical systems: the-state-of-arts review". In: *The International Journal of Advanced Manufacturing Technology* (2009), S. 168–179. ISSN: 0268-3768. https://doi.org/10.1007/s00170-008-1570-x.

[LK06] Tuan Le-Anh und René de Koster. „A review of design and control of automated guided vehicle systems". In: *European Journal of Operational Research* (2006), S. 1–23. ISSN: 0377-2217.

[LK20] Phu-Nguyen Le und Hee-Jun Kang. „Robot Manipulator Calibration Using a Model Based Identification Technique and a Neural Network With the Teaching Learning-Based Optimization". In: *IEEE Access* (2020), S. 105447–105454. https://doi.org/10.1109/ACCESS.2020.2999927.

[Los+91] R. Loser, D. Meier, K.-H. Münch und W. Schwarz. „Das Funktionsprinzip des Mekometers ME 5000". In: *Allgemeine Vermessungs-Nachrichten* (1991), S. 324–345. ISSN: 0002-5968.

[Lut20] Christiane Luthardt. „Experimentelle Modalanalyse an einem mobilen Roboter". Studienarbeit. Braunschweig: Technische Universität Braunschweig, 2020.

[Mar+16] Martín Abadi, Ashish Agarwal, Paul Barham, Eugene Brevdo, Zhifeng Chen, Craig Citro, Greg S. Corrado, Andy Davis, Jeffrey Dean, Matthieu Devin, Sanjay Ghemawat, Ian Goodfellow, Andrew Harp, Geoffrey Irving, Michael Isard, Yangqing Jia, Rafal Jozefowicz, Lukasz Kaiser, Manjunath Kudlur, Josh Levenberg, Dandelion Mané, Rajat Monga, Sherry Moore, Derek Murray, Chris Olah, Mike Schuster, Jonathon Shlens, Benoit Steiner, Ilya Sutskever, Kunal Talwar, Paul Tucker, Vincent Vanhoucke, Vijay Vasudevan, Fernanda Viégas, Oriol Vinyals, Pete Warden, Martin Wattenberg, Martin Wicke, Yuan Yu und Xiaoqiang Zheng. „TensorFlow: Large-Scale Machine Learning on Heterogeneous Systems". In: *12th USENIX Symposium on Operating Systems Design and Implementation*. Hrsg. von USENIX Association. Berkeley: USENIX Association, 2016. https://www.tensorflow.org/.

[Mar10] George Marsh. „Airbus A350 XWB update". In: *Reinforced Plastics* (2010), S. 20–24. ISSN: 00343617. https://doi.org/10.1016/S0034-3617(10)70212-5.

[Mei+13] Karl Meiners-Hagen, Nicolae Radu Doloca, Florian Pollinger, Klaus Wendt und Frank Härtig. *Absolute distance interferometer in LaserTracer geometry*. Hrsg. von Physikalisch-Technische Bundesanstalt (PTB). 2013. https://doi.org/10.7795/810.20130620A.

[Mey19] Stefan Meyer. „Modellierung eines mobilen Industrieroboters mittels neuronaler Netze". Bachelorarbeit. Braunschweig: Technische Universität Braunschweig, 2019.

[Möl+17a] Christian Möller, Hans Christian Schmidt, Philip Koch, Christian Böhlmann, Simon-Markus Kothe, Jörg Wollnack und Wolfgang Hintze. „Machining of large scaled CFRP-Parts with mobile CNC-based robotic system in aerospace industry". In: *Procedia Manufacturing* (2017), S. 17–29. ISSN: 2351-9789.

[Möl+17b] Christian Möller, Hans Christian Schmidt, Philip Koch, Christian Böhlmann, Simon-Markus Kothe, Jörg Wollnack und Wolfgang Hintze. „Real Time Pose Control of an Industrial Robotic System for Machining of Large Scale Components in Aerospace Industry Using Laser Tracker System". In: *SAE International Journal of Aerospace* (2017), S. 100–108. ISSN: 1946-3901. https://doi.org/10.4271/2017-01-2165.

[Möl19] Christian Möller. *Entwicklung eines hochgenauen Bearbeitungsroboters durch den Einsatz zus ä tzlicher Messtechnik: Dissertation*. Forschung für die Produktionstechnik von Morgen. Stuttgart: Fraunhofer Verlag, 2019. ISBN: 978-3-8396-1600-0. https://doi.org/10.15480/882.2741.

[Mor+16] Maxim Morozov, Jonathan Riise, Rahul Summan, Stephen Gareth Pierce, Carmelo Mineo, Charles Norman MacLeod und Roy Hutton Brown. „Assessing the accuracy of industrial robots through metrology for the enhancement of automated non-destructive testing". In: *2016 IEEE International Conference on Multisensor Fusion and Integration for Intelligent Systems (MFI)*. IEEE, 2016, S. 335–340. ISBN: 978-1-4673-9708-7. https://doi.org/10.1109/MFI.2016.7849510.

[Mor78] Jorge J. More. „The Levenberg-Marquardt algorithm: implementation and theory". In: *Numerical Analysis: proceedings of the biennial Conference held at Dundee*. Heidelberg: Springer, 1978, S. 105–116.

[MPA10] Karl Meiners-Hagen, Florian Pollinger und Ahmed Abou-Zeid. „Brechzahlkompensation mittels Mehrwellenlängen-Interferometrie". In: *PTB-Mitteilungen* (2010), S. 110–114.

[Nei+22] Maximilian Neitmann, Tom Rothe, Erik Kappel und Christian Hühne. „Assembly of Compliant Structures with Autonomous Industrial Mobile Manipulators (AIMM) Using an End Effector with Active Deformation Compensation for the Assembly of Flaps". In: *Machines* (2022), S. 291. https://doi.org/10.3390/machines10050291.

[NKK19] Dirk Niermann, D. Knauer und M. Klimach. „Die flinke Hand des Roboters – hochdynamische Ausgleichskinematik zur präzisen Bahnführung – Fräsen im Flugzeugbau durch Kombination von serieller und paralleler Kinematik –". In: *Ingenieur-Spiegel: Fachmagazin f ü r Ingenieure* (2019), S. 16–19.

[NLK19] Hoai-Nhan Nguyen, Phu-Nguyen Le und Hee-Jun Kang. „A new calibration method for enhancing robot position accuracy by combining a robot model–based identification approach and an artificial neural network–based error compensation technique". In: *Advances in Mechanical Engineering* (2019), S. 168781401882293. ISSN: 1687-8140. https://doi.org/10.1177/1687814018822935.

[NZK15] Hoai-Nhan Nguyen, Jian Zhou und Hee-Jun Kang. „A calibration method for enhancing robot accuracy through integration of an extended Kalman filter algorithm and an artificial neural network". In: *Neurocomputing* (2015), S. 996–1005. ISSN: 09252312. https://doi.org/10.1016/j.neucom.2014.03.085.

[PD19] Andreas Pott und Thomas Dietz. *Industrielle Robotersysteme*. Wiesbaden: Springer Vieweg, 2019. ISBN: 978-3-658-25344-8. https://doi.org/10.1007/978-3-658-25345-5.

[Per16] Marcus Perner. „Robotergestützte Faserablage mit adaptivem Korrektursystem". Dissertation. Magdeburg: Otto-von-Guericke-Universität, 2016.

[Pie68] Donald L. Pieper. „The kinematics of manipulators under computer control". Dissertation. Universität Stanford Deptartment of Computer Science, 1968.

[PPP17] Anish Pandey, Shalini Pandey und Doyal Ramakrushna Parhi. „Mobile Robot Navigation and Obstacle Avoidance Techniques: A Review". In: *International Robotics & Automation Journal* (2017), S. 00022. https://doi.org/10.15406/iratj.2017.02.00023.

[Pri+92] Günter Pritschow, H. Klingel, M. Bauder und Armin Horn. „Erhöhung der Bahngenauigkeit von Industrierobotern = Improving the path accuracy of industrial robots". In: *Robotersysteme* (1992), S. 162–170. ISSN: 0178-0026.

[Puz11] Arnold Puzik. *Genauigkeitssteigerung bei der spanenden Bearbeitung mit Industrierobotern durch Fehlerkompensation mit 3D-Piezo-Ausgleichsaktorik: Dissertation*. IPA-IAO Forschung und Praxis. Heimsheim: Jost-Jetter, 2011. ISBN: 978-3-939890-84-7.

[Rei+18] Felix Reinhart, Klaus Neumann, Witali Aswolinskiy, Jochen Steil und Barbara Hammer. „Maschinelles Lernen in technischen Systemen". In: *Steigerung der Intelligenz mechatronischer Systeme*. Hrsg. von Ansgar Trächtler und Jürgen Gausemeier. Intelligente Technische Systeme – Lösungen aus dem Spitzencluster it's OWL. Berlin, Heidelberg: Springer Berlin Heidelberg, 2018, S. 73–118. ISBN: 978-3-662-56391-5. https://doi.org/10.1007/978-3-662-56392-2_4.

[Rei10] Matthias Reiner J. „Modellierung und Steuerung von strukturelastischen Robotern". Dissertation. München: Technische Universität München, 2010.

[Ric98] Frank Richter. *Erfassung und Ausgleich thermisch bedingter Verformungen an Industrierobotern: Dissertation*. Berichte aus dem Institut für Werkzeugmaschinen Konstruktion und Fertigung. Tübingen: MVK Medien Verlag Köhler, 1998. ISBN: 9783932694271.

[Rös15] Oliver Rösch. *Steigerung der Arbeitsgenauigkeit bei der Fr ä sbearbeitung metallischer Werkstoffe mit Industrierobotern: Dissertation*. München: Herbert Utz Verlag, 2015. ISBN: 3831644861.

[Sch+10] Robert Schmitt, Susanne Nisch, Alexander Schönberg, Francky Demeester und Steven Renders. „Performance evaluation of iGPS for industrial applications". In: *2010 International Conference on Indoor Positioning and Indoor Navigation*. IEEE, 2010, S. 1–8. ISBN: 978-1-4244-5862-2.https://doi.org/10.1109/IPIN.2010.5647630.

[Sch04] Günter Schreiber. „Steuerung für redundante Robotersysteme: Benutzer- und aufgabenorientierte Verwendung der Redundanz". Dissertation. Stuttgart: Universität Stuttgart, 2004.

[Sch17] Ulrich Johannes Schneider. *Untersuchung von modellbasierter Fehlerkompensation und erweiterter Positionsregelung zur Genauigkeitssteigerung von roboterbasierten Zerspanungsprozessen*. Stuttgart: Fraunhofer Verlag, 2017. ISBN: 3839611237.

[Sch20] Jan Schipper. „Erweiterung eines neuronalen Modeles eines mobilen Industrieroboters zur Bestimmung der Bahnabweichung". Studienarbeit. Braunschweig: Technische Universität Braunschweig, 2020.

[Sch21] Clemens Schwarke. „Neuronale Netze zur Erweiterung des kinematischen Modells eines Industrieroboters auf einer SPS". Bachelorarbeit. Braunschweig: Technische Universität Braunschweig, 2021.

[Sch93] Klaus Schröer. *Identifikation von Kalibrationsparametern kinematischer Ketten: Dissertation*. Produktionstechnik – Berlin. München: Carl Hanser Verlag, 1993. ISBN: 3446176500.

[SK08] Bruno Siciliano und Oussama Khatib, Hrsg. *Springer Handbook of Robotics*. 1. Aufl. Berlin: Springer, 2008. ISBN: 978-3-540-23957-4.

[SK16] Bruno Siciliano und Oussama Khatib, Hrsg. *Springer Handbook of Robotics*. 2. Aufl. Cham: Springer, 2016. ISBN: 978-3-319-32550-7.

[SM98] Adam Sawicki und Pierre Minguett. „The effect of intraply overlaps and gaps upon the compression strength of composite laminates". In: *39th AIAA/ASME/ASCE/AHS/ASC Structures, Structural Dynamics, and Materials Conference and Exhibit*. Hrsg. von American Institute of Aeronautics and Astronautics. 1998, S. 1786. https://doi.org/10.2514/6.1998-1786.

[Spa02] Dieter Spath. *ACCOMAT – Die Genauigkeitsgeregelte Maschine: Abschlussbericht BMBF-Leitprojekt ACCOMAT (1998 – 2002)*. 2002.

[SPG21] José Ricardo Sánchez-Ibáñez, Carlos J. Pérez-Del-Pulgar und Alfonso García-Cerezo. „Path Planning for Autonomous Mobile Robots: A Review". In: *Sensors (Basel, Switzerland)* (2021). https://doi.org/10.3390/s21237898.

[Szy+22] Dariusz Szybicki, Paweł Obal, Paweł Penar, Krzysztof Kurc, Magdalena Muszyńska und Andrzej Burghardt. „Development of a Dedicated Application for Robots to Communicate with a Laser Tracker". In: *Electronics* (2022), S. 3405. https://doi.org/10.3390/electronics11203405.

[Tak+99a] Toshiyuki Takatsuji, Mitsuo Goto, Sonko Osawa, Ruimin Yin und Tomizo Kurosawa. „Whole-viewing-angle cat's-eye retroreflector as a target of laser trackers". In: *Measurement Science and Technology* (1999), S. 87–90. ISSN: 0957-0233.

[Tak+99b] Toshiyuki Takatsuji, S. Osawa, T. Kurosawa und Y. Tanimura. „Laser tracking coordinate measuring system developed by NRLM". In: *International Dimensional Metrology Workshop*. Hrsg. von E. Pritchard. Knoxville, 1999.

[Ull15] Günter Ullrich. *Automated Guided Vehicle Systems*. Berlin, Heidelberg: Springer Berlin Heidelberg, 2015. ISBN: 978-3-662-44813-7. https://doi.org/10.1007/978-3-662-44814-4.

[Wan+11] Zheng Wang, Luca Mastrogiacomo, Fiorenzo Franceschini und Paul Maropoulos. „Experimental comparison of dynamic tracking performance of iGPS and laser tracker". In: *The International Journal of Advanced Manufacturing Technology* (2011), S. 205–213. ISSN: 0268-3768.

[Wan+23] Dianjun Wang, Meng Xu, Ya Chen, Haoxiang Zhong, Yadong Zhu, Zilong Wang und Linlin Gao. „Positioning Method of Four-Wheel-Steering Mobile Robots Based on Improved UMBmark of Michigan Benchmark Algorithm". In: *Journal of Advanced Computational Intelligence and Intelligent Informatics* (2023), S. 135–142. ISSN: 1343-0130. https://doi.org/10.20965/jaciii.2023.p0135.

[Web17] Wolfgang Weber. *Industrieroboter: Methoden der Steuerung und Regelung*. 3. Aufl. Hanser eLibrary. München: Carl Hanser Verlag, 2017. ISBN: 978-3-446-43578-0. https://doi.org/10.3139/9783446435780.

[Wei+22] Weichen Wei, Mohammadali Ghafarian, Bijan Shirinzadeh, Ammar Al-Jodah und Rohan Nowell. „Posture and Map Restoration in SLAM Using Trajectory Information". In: *Processes* (2022), S. 1433. https://doi.org/10.3390/pr10081433.

[Wei08] Matthias Weigold. *Kompensation der Werkzeugabdr ä ngung bei der spanenden Bearbeitung mit Industrierobotern*. Schriftenreihe des PTW: Innovation Fertigungstechnik. Aachen: Shaker, 2008. ISBN: 978-3-8322-7178-7.

[WFH12] Klaus Wendt, Matthias Franke und Frank Härtig. „Measuring large 3D structures using four portable tracking laser interferometers". In: *Measurement* (2012), S. 2339–2345. ISSN: 02632241. https://doi.org/10.1016/j.measurement.2011.09.020.

[Wie01] Ulrich Wiest. „Kinematische Kalibrierung von Industrierobotern". Dissertation. Karlsruhe: Universität Karlsruhe, 2001. https://wiest-ag.de/unternehmen (besucht am 01. 03. 2018).

[Win16] Alexander Winkler. *Sensorgeführte Bewegungen stationärer Roboter: Habilitation.* Chemnitz: Universitätsverlag Chemnitz, 2016. ISBN: 978-3-944640-78-5.

[WJ19] Rih-Teng Wu und Mohammad R. Jahanshahi. „Deep Convolutional Neural Network for Structural Dynamic Response Estimation and System Identification". In: *Journal of Engineering Mechanics* (2019), S. 1–25. ISSN: 0733-9399. https://doi.org/10.1061/(ASCE)EM.1943-7889.0001556.

[WLM11] Zheng Wang, Min Liang und Paul G. Maropoulos. „High accuracy mobile robot positioning using external large volume metrology instruments". In: *International Journal of Computer Integrated Manufacturing* (2011), S. 484–492. ISSN: 0951-192X.

[Wol01] Jörg Wollnack. *Videometrische Verfahren zur Genauigkeitssteigerung von Industrierobotern: Habilitation.* Berichte aus der Robotik. Aachen: Shaker, 2001. ISBN: 978-3-8265-8856-3.

[YIA18] Rauf Yagfarov, Mikhail Ivanou und Ilya Afanasyev. „Map Comparison of Lidar-based 2D SLAM Algorithms Using Precise Ground Truth". In: *2018 15th International Conference on Control, Automation, Robotics and Vision (ICARCV).* IEEE, 2018, S. 1979–1983. ISBN: 978-1-5386-9582-1. https://doi.org/10.1109/ICARCV.2018.8581131.

[YY94] Yoshio Yamamoto und Xiaoping Yun. „Coordinating locomotion and manipulation of a mobile manipulator". In: *IEEE Transactions on Automatic Control* (1994), S. 1326–1332. ISSN: 0018-9286.

[Zel95] Franz-Josef Zeller. *Sensorplanung und schnelle Sensorregelung für Industrieroboter: Dissertation.* Fertigungstechnik – Erlangen. München: Hanser, 1995. ISBN: 3-446-18601-8.

[Zho+21] Yinghao Zhou, Ke Wen, Lei Mao, Dongliang Ren und Runmiao Fan. „Positioning Accuracy Compensation Method of Mobile Robot Based on Inverse Distance Weight". In: *Intelligent Robotics and Applications.* Hrsg. von Xin-Jun Liu, Zhenguo Nie, Jingjun Yu, Fugui Xie und Rui Song. Cham: Springer International Publishing, 2021, S. 669–677. ISBN: 03029743. https://doi.org/10.1007/978-3-030-89098-8_63.

[Zho95] Xiaolin Zhong. „Robot Calibration Using Artificial Neural Networks". Dissertation. Edinburgh: Napier University, 1995.

MIX
Papier aus verantwortungsvollen Quellen
Paper from responsible sources
FSC® C105338

If you have any concerns about our products,
you can contact us on
ProductSafety@springernature.com

In case Publisher is established outside the EU,
the EU authorized representative is:
Springer Nature Customer Service Center GmbH
Europaplatz 3, 69115 Heidelberg, Germany

Printed by Libri Plureos GmbH
in Hamburg, Germany